COVID-19, LA CATÁSTROFE

COVID-19, LA CATÁSTROFE

Qué hicimos mal y cómo impedir que vuelva a suceder

Richard Horton

Traducción de Joan Soler Chic

Antoni Bosch editor, S.A.U.
Manacor, 3, 08023, Barcelona
Tel. (+34) 93 206 07 30
info@antonibosch.com
www.antonibosch.com

Traducido de: Richard Horton, *The COVID-19 Catastrophe.*
This edition is published by arrangement with Polity Press Ltd., Cambridge.

ISBN: 978-84-121765-9-9
Depósito legal: B. 6331-2021

Diseño de la cubierta: Compañía
Maquetación: JesMart
Corrección de pruebas: Olga Mairal
Impresión: Prodigitalk

Impreso en España
Printed in Spain

Para quienes murieron a causa de la covid-19

Podemos considerar que el miedo es la base
de todas las civilizaciones humanas.

Lars Svendsen,
A Philosophy of Fear (2008)

Índice

Prefacio a la segunda edición

¿Retrospectiva o historia? Presidentes y primeros ministros de todo el mundo han afirmado sistemáticamente que nadie podía prever en modo alguno las tremendas consecuencias humanas de la pandemia de la covid-19. «Sin precedentes» era, y sigue siendo, una de las expresiones más utilizadas para describir esta impresionante explosión de contagios. No es de extrañar que quienes critican las lentas respuestas iniciales de muchos gobiernos occidentales, o su autocomplacencia sobre los preparativos para la segunda o la tercera ola del coronavirus, o la ausencia de suficiente respaldo para los afectados por la crisis económica consiguiente hayan sido censurados por su farisaica sabiduría retrospectiva. El presidente Trump abrió el camino con lo que cabría llamar «la postura excepcionalista». En marzo de 2020, dijo lo siguiente: «No ha habido nunca nada así en la historia. No ha habido jamás… nadie había visto nunca nada igual».

Es tentador simpatizar con esta idea. La tragedia iniciada en diciembre de 2019, y que sigue ahí pese al aliciente de una vacuna, quizá no tenía precedentes en muchos aspectos. No obstante, consolarse con una conclusión así podría no ser –no lo es, por desgracia– acertado. Y la explicación está en la historia.

Los gobiernos, los científicos, los médicos y los ciudadanos tenían a su disposición un manual de pandemias para guiar sus conocimientos, e incluso la planificación y la toma de decisiones. Pues los acontecimientos que en 2020 condicionaron nuestra vida encuentran un eco sorprendente y perturbador en *Diario del año de la peste*, de Daniel Defoe, publicado en 1722. Ni ficción ni puro hecho documental, es lo que Defoe imaginó que sería vivir la Gran Peste de Londres de 1665. Su visualización de los acontecimientos de ese «año calamitoso» —mientras son revelados semana a semana, mes a mes— refleja con demoledora precisión nuestra crisis epidémica de 2020.

Cuando a principios de 1665 se registraron los primeros casos de peste, las autoridades londinenses procuraron ocultar el brote, lo cual recuerda los indicios de que los funcionarios policiales de Wuhan, China, intentaron acallar lo que falsamente denominaban «rumores» de una nueva enfermedad parecida al SARS. Cuando por fin en Londres se aceptó que la epidemia era una realidad, el gobierno no estaba preparado. Y, como es lógico, cuando la infección arraigó como peligro efectivo, la gente se horrorizó. Por ejemplo, la salud mental lo pasó muy mal: sobre la capital de Inglaterra cayó una especie de «locura de la melancolía».

Sin embargo, no todo el mundo se vio afectado por igual. Las élites más ricas de la sociedad londinense del siglo XVII pudieron huir de la ciudad hacia la seguridad de sus refugios rurales. De este modo, dejaban a los pobres atrás, en la primera línea frente a la epidemia, una primera línea que estos afrontaron «con una especie de coraje brutal». Pasó lo mismo con los trabajadores esenciales y básicamente mal pagados durante las sucesivas olas de la covid-19: también sufrieron las peores consecuencias en forma de infección y muerte. Tres siglos atrás, Londres fue abandonado y quedó desierto igual que ahora las ciudades han quedado vaciadas de personas, confinadas mientras deben trabajar en casa bajo el toque de queda. En 1665 cerraron salas de conciertos, teatros y tiendas. La gente sentía «una especie de tristeza y horror ante esas cosas». Todos reconocemos la descripción de Defoe.

En la época de la peste también hubo noticias falsas. Los «engañadores» sugerían que la epidemia era el veredicto de un Dios enfadado. O quizá, insistían otros, se debía a un cometa o a una estrella ardiente. «Una malicia siempre trae otra», escribió Defoe. La peste permitió prosperar a los adivinos, los brujos y los astrólogos. Floreció el curanderismo: se vendieron grandes cantidades de pastillas, conservantes, licores y antídotos. Quizá no deberíamos habernos escandalizado tanto ante la defensa arbitraria que el presidente Trump hizo de los desinfectantes, la irradiación de luz o la hidroxicloroquina como remedios para la covid-19.

La respuesta de las autoridades públicas ante el coronavirus también ha reproducido la de aquella peste: aislamiento y cuarentena para quienes se creía que estaban infectados. Al menos podemos estar agradecidos por el hecho de que los que vivían en París, Madrid o Nueva York no fueron encerrados a cal y canto tras unas puertas en las que se hubiera pintado una cruz roja brillante. No obstante, los funcionarios de Londres se esforzaron entonces, como han hecho en la actualidad los gobiernos de todo el mundo con la covid-19, para elaborar guías claras y coherentes dirigidas a los ciudadanos. En aquella época se aconsejaron la distancia física, las mascarillas y la ventilación, igual que ahora. Se prohibieron las reuniones masivas. Las personas tenían más presente su higiene personal. La peste del siglo XVII dio lugar a una fascinación malsana por las Tablas de Mortalidad, una descripción estadística de la evolución de la epidemia. Martirizados, nosotros también hemos estado observando las crecientes cifras de muertos en países que, hasta la fecha, habían presumido de su poder, su resiliencia y su avanzado sistema de salud... todo ello socavado y desbaratado por un virus. Igual que ahora, en 1665 hubo fuertes discrepancias con respecto a la eficacia de muchas de esas medidas.

No debería sorprendernos que el comportamiento de la gente fuera parecido en un siglo y en otro. Durante el confinamiento de la primera ola, las personas siguieron de buena gana, incluso con entusiasmo, las instrucciones de quedarse en casa. Aprendieron a disfrutar de la oportunidad de realizar actividades nuevas. En 1665 había ocurrido lo mismo. Defoe menciona lo de hacer pan y elaborar cerveza. El buen conformarse de la gente durante la primera ola de la pandemia de 2020 acabó satisfactoriamente con el brote. Sin embargo, tan pronto este estuvo controlado, la gente deseó urgentemente recuperar cierto nivel de vida normal. Los gobiernos querían reavivar su economía. Quizá todo el mundo estaba exhausto y fatigado por la «antropausia», esa interrupción temporal de la humanidad. ¿El resultado? Muchos países bajaron la guardia y el virus repuntó: una segunda ola. En 1665, prendió un exceso de confianza parecido al de ahora. A finales de septiembre, la furia de la peste comenzaba a aflojar. La gente salió de casa, abrieron las tiendas, se reanudó la actividad. La consecuencia de esta «imprudente e insensata conducta» fue una segunda ola de la epidemia que «costó muchísimas» vidas.

El desastre económico derivado de la covid-19 era totalmente previsible. Defoe explica que la industria y el comercio sufrieron «una suspensión total». Describe «la angustia inmediata» que sobrevino, los crecientes niveles de desempleo, el agravamiento de la desigualdad, el hambre y el «sufrimiento general en la ciudad». En aquel entonces, los pobres vieron aliviada su situación gracias a la asistencia caritativa más que a subsidios de los gobiernos para ayudar a los parados y al empleo. Pero los efectos fueron similares. Así habla Defoe: «Esto provocó que en Londres estuvieran desatendidas una multitud de personas solas; y también de familias cuyo sustento dependía del trabajo del cabeza de familia; y digo que esto los redujo a la pobreza extrema».

También hay reveladoras semejanzas entre los planteamientos políticos respecto a la covid-19 y la peste. Defoe escribió su *Diario* con una finalidad muy clara. La peste de nuevo se había desplazado por la Europa continental y ahora estaba a las puertas de Inglaterra. En 1720, en Marsella y la región circundante, murieron 100.000 personas a causa de la epidemia: la mitad de la población. El gobierno inglés actuó con rapidez y temor para protegerse. En 1721, el Parlamento aprobó una Ley de Cuarentena que imponía duras restricciones a la libertad individual y proponía aislar ciudades o pueblos enteros si se convertían en focos de contagio. Estas restricciones se harían cumplir «mediante cualquier tipo de violencia». El incumplimiento de las normas sería castigado con la pena de muerte. La ley provocó una conmoción política. Amenazaba no solo con limitar las preciadas libertades sino también con entorpecer el comercio. Un grupo de *tories* encabezado por el conde Cowper, antiguo lord canciller, se opuso e intentó que la ley fuera derogada. El *Diario* de Defoe pretendía recordarle a la gente los espantosos peligros que afrontaba. A su entender, las acciones drásticas sugeridas por la Ley de Cuarentena eran urgentes y necesarias, «un bien público que justificaba el perjuicio privado». En la época de la covid-19, se ha apreciado una resistencia similar de los libertarios a medidas más enérgicas para controlar la transmisión del virus. Los controles escalonados en la socialización en lugares cerrados, los encuentros familiares, la hostelería, el comercio no esencial, los viajes o el número de personas que podían asistir a bodas, funerales y servicios religiosos originaron la indignación de políticos según los cuales las restricciones del Estado a las libertades personales eran una afrenta no solo a la autonomía individual sino también a la responsabilidad individual.

Como cabe suponer, entre la peste y la covid-19 existen diferencias. Para tratar la peste no había terapias efectivas. Los médicos del siglo XVII se veían impotentes ante una enfermedad de la que no conocían siquiera la causa. Por otro lado, a la larga la peste desapareció en diciembre de 1665, con el comienzo de un duro invierno. No se espera que el actual coronavirus pase a un segundo plano de nuestra vida con el mismo donaire.

Al cabo de doce meses, hemos aprendido mucho sobre el virus y la enfermedad que produce. Contamos con tratamientos que salvan vidas. Se están investigando más de cien candidatos a vacuna, varios de los cuales han demostrado ser seguros y efectivos. En 2021, asistiremos al esfuerzo más grande, rápido y coordinado por controlar la enfermedad desde que en 1967 empezara el programa intensivo de erradicación de la viruela. De hecho, la viruela nos procura una lección edificante: pese a la presencia de una vacuna muy efectiva, el último caso de viruela adquirida de forma natural se produjo en 1975. En la actualidad no intentamos erradicar el coronavirus; en todo caso, tardaremos años, no meses, en tener controlada esta pandemia. Seguimos subestimando el impacto de la covid-19 en nuestras sociedades. Por lo demás, oímos a personas inteligentes y sensatas hablar de una vuelta a la normalidad hacia la primavera o el verano de 2021. Sin embargo, no habrá un regreso fácil y sencillo a la vieja vida de la que disfrutábamos antes de la covid-19, sino solo una nueva normalidad que deberemos afrontar.

Escribí *The COVID-19 Catastrophe* en Londres, al principio del confinamiento. En esa época, la mortalidad mundial debida a la pandemia ascendía a 337.687 fallecidos. Desde entonces, esta cifra se ha cuadruplicado con creces y llegado a superar el millón y medio –y sigue aumentando a razón de 10.000 muertes diarias. Entretanto, el modo en que los gobiernos han gestionado la infección ha tenido grandes consecuencias políticas. Tomemos solo un ejemplo: el presidente Trump, pese a haber presidido una economía fuerte antes de la pandemia, no ha conseguido un segundo mandato sobre todo porque frente a la covid-19 lideró la peor respuesta nacional de los países desarrollados del planeta. La reacción norteamericana se caracterizó por el caos, la división y la abundancia de información errónea. Debido a un espectacular grado de ineptitud, el país acumuló el máximo número de muertos por covid-19 de entre todos los países, con mucho. El precio político de este fracaso fue muy alto y se seguirá pagando en los años venideros.

La finalidad de esta segunda edición no es solo la de actualizar datos. He revisado cada capítulo para tener en cuenta nuevos descubrimientos, perspectivas e interpretaciones. He añadido una introducción con el fin de replantear nuestro conocimiento de la covid-19 y de que eso tenga consecuencias importantes en la protección de nuestras comunidades contra pandemias futuras. He intentado analizar algunas de las controversias más importantes que han surgido y lo que estas disputas nos dicen acerca de nuestra sociedad. Y he añadido un epílogo que pretende emitir un juicio provisional sobre lo que significa la pandemia para el futuro. En cuanto a la covid-19, no es solo una enfermedad nueva provocada por un virus nuevo, sino un punto de inflexión en nuestro conocimiento sobre nosotros mismos y el planeta en que vivimos.

Prefacio

La covid-19 es una pandemia de paradojas.

La mayoría de los que se contagiaron con este nuevo coronavirus padecieron solo una enfermedad leve, quizá difícil de quitarse de encima, pero a la que al final acababan dejando atrás. Sin embargo, un número considerable de individuos –acaso hasta uno de cada cinco– desarrollaban una afección mucho más grave, que solía requerir cuidados intensivos y ventilación mecánica. La covid-19 significó para demasiados que su destino era la muerte.

Ser de edad avanzada y pobre y sufrir enfermedades crónicas eran riesgos importantes de desenlaces peores. No obstante, una proporción significativa de los que padecieron la enfermedad en un grado grave eran jóvenes y antes habían estado bien y gozado de buena salud.

La comunidad científica hizo una aportación espectacular para generar los nuevos conocimientos necesarios que orientarían una respuesta a la covid-19. De todos modos, muchas preguntas sobre el virus y la enfermedad siguen sin tener respuesta, por lo que existen importantes lagunas en nuestro conocimiento de la pandemia debido a lo cual se vuelve dificilísimo su control, aun disponiendo de varias vacunas seguras y efectivas.

La Organización Mundial de la Salud (OMS) actuó con una rapidez insólita y declaró una Emergencia Sanitaria de Preocupación Internacional (PHEIC, por sus siglas en inglés). No obstante, para mantener su credibilidad, el único organismo mundial de salud global también se enfrentó a escandalosas presiones políticas.

Muchos países dieron su apoyo a la cooperación internacional para acabar con la pandemia. Sin embargo, estos mismos países fueron bochornosamente lentos a la hora de pasar de las palabras a los hechos, y muy a menudo se enredaron en rivalidades y reproches. Se trataba de una pandemia descrita y relatada mediante datos estadísticos: número de contagios, número de pacientes en cuidados intensivos y número de muertos. Las vidas se convirtieron en resúmenes matemáticos. Se dibujaban gráficos de la epidemia. Y los países comparaban sus respectivos índices de mortalidad.

Sin embargo, los que murieron no pueden ni deben ser resumidos. No deben convertirse en líneas sobre papel cuadriculado. No deben volverse meros índices utilizados para avalar diferencias entre naciones. Todas las muertes cuentan. Una persona que murió en Wuhan es tan importante como otra que muriese en Nueva York. Nuestra forma de describir el impacto de la pandemia borraba las biografías de los muertos. La ciencia y la política de la covid-19 acabaron siendo ejercicios de deshumanización radical.

En una conferencia de prensa tras otra, los ministros y sus asesores médicos y científicos describían las muertes de sus vecinos como «desafortunadas». Pero no se trataba de muertes desafortunadas; no eran desdichadas, indebidas o siquiera lamentables. Cada muerte era una prueba de mala práctica sistemática de los gobiernos: actos imprudentes de omisión que constituían fisuras en las obligaciones del sector público.

Edito una revista médica, *The Lancet*, que se vio en la tesitura de ser una conexión entre los científicos médicos que intentaban urgentemente comprender la covid-19 y los políticos, los legisladores y la gente que de algún modo tenía que tomar la iniciativa ante la pandemia. Mientras leíamos y publicábamos el trabajo de estos destacados trabajadores de primera línea, me sorprendió la grieta entre la evidencia acumulada por los científicos y la práctica de los gobiernos. Y me exasperaba ver que esta grieta era cada vez mayor. Oportunidades perdidas y tremendos errores de cálculo ocasionaron la muerte evitable de decenas de miles de ciudadanos. Esos errores se han repetido durante las sucesivas olas de la pandemia. Hay que pedir un ajuste de cuentas. Este libro es su historia.

Agradecimientos

Tengo que dar las gracias a mucha gente. A Ingrid, Isobel y Aleem, por un período de gracia. A mis colegas de *The Lancet*, que trabajaron con tesón para garantizar que las investigaciones sobre la covid-19 fueran revisadas por pares y publicadas enseguida a fin de respaldar a quienes estaban respondiendo en el frente de batalla de la pandemia. A los científicos y trabajadores sanitarios de todo el mundo que, bajo una gran presión y dificultades inmensas, encontraron tiempo para contar sus extraordinarias experiencias. A John Thompson, por su constante estímulo. A Emma Longstaff, Helen Davies, Lucas Jones, Neil de Cort y Caroline Richmond, de Polity, que me ayudaron a hacer realidad el mensaje. Y a tres correctores anónimos, cuyos comentarios y sugerencias contribuyeron a pulir la sustancia de esta argumentación.

Introducción

«Muerte terrible, aterradora con su antorcha sepulcral.» Eso escribía John Milton en su *Elegia tertia* para conmemorar la muerte del obispo de Winchester en 1626 a causa de la peste. La «antorcha sepulcral» del coronavirus ha sido efectivamente aterradora, pues ha provocado cientos de miles de muertos en todos los continentes. El origen de esta pandemia está en el paso del virus desde un animal a los seres humanos: una relación patológica entre dos especies con consecuencias crueles y letales. Sin embargo, nuestra respuesta a esta pandemia también ha generado cambios extrañamente benevolentes en nuestras asociaciones humano-animal, cambios que han revelado percepciones insólitas y acaso trascendentales sobre nuestra capacidad para mejorar el mundo circundante.

El gorrión de corona blanca (*Zonotrichia leucophrys*) es un pájaro cantor común en el Área de la Bahía de San Francisco. Los investigadores llevan años grabando sus cantos y han observado que, a medida que han ido subiendo los niveles de ruido en los escenarios urbanos, los pájaros se han acostumbrado a cantar con más fuerza para ser oídos por potenciales intrusos en sus territorios. Durante el confinamiento para controlar la primera ola de la pandemia, en la primavera de 2020, Elizabeth Derryberry dirigió a un grupo de científicos intrigados por la posibilidad de que el canto de las aves hubiera cambiado con la brusca disminución del ruido durante el confinamiento.[1]

En abril y mayo de 2020 midieron el ruido urbano y advirtieron que había descendido a niveles nunca observados desde la década de 1950. Pasaron luego a registrar el canto de las aves en la ciudad y constataron no solo que durante el confinamiento estas cantaban más bajito sino también que, debido a eso, eran capaces de comunicarse a través de distancias más largas (hasta el doble) y mejorar su ejecución vocal, lo cual aumentaba su capacidad de apareamiento y reducía los conflictos territoriales. Derryberry demostró que ciertos cambios en el comportamiento humano pueden beneficiar a los animales además de a nosotros mismos. Cuando la contaminación acústica disminuyó y el espacio sonoro externo se vació, los pájaros enseguida recuperaron su destreza vocal. La «primavera silenciosa» de 2020 puso de manifiesto que el daño que los seres humanos causan a los animales puede ser revocado con rapidez. A fin de cuentas, nuestra relación con otras especies con las que compartimos el planeta no tiene por qué ser mutuamente desfavorable.

Sería un error llamar «inteligente» al coronavirus que origina la covid-19. Un virus no es una criatura viva, pensante, intencional, sino un conjunto de proteínas que transportan cierta cantidad de material genético –un genoma– con la información necesaria para replicarse a sí mismo. Un virus no respira. No come. No se ríe. Sin embargo, a su manera, el coronavirus que ha paralizado nuestra vida tiene cualidades que, si no son admirables, desde luego sí se merecen un respeto.

Un coronavirus parece una bola cubierta de púas. Dentro de esta bola hay un fragmento –de tamaño grande en comparación con otros virus– de material genético llamado ARN, o ácido ribonucleico. Si lo observamos mediante un microscopio electrónico potente, el virus recuerda a una corona solar; de ahí su nombre. Pero no nos dejemos engañar. Los pinchos de la superficie del virus no son elementos decorativos, sino las tarjetas de acceso que utiliza el agente infeccioso para abrirse camino hacia las células humanas.

Las puntas del coronavirus se unen a la superficie de una célula (a un receptor de la membrana celular denominado ACE2, que está ampliamente distribuido por el cuerpo humano). Desde ahí, la partícula viral es arrastrada al interior de la célula envuelta en la membrana. A continuación, el virus libera su genoma e inmediatamente secuestra la química de la célula para iniciar el proceso de su propia replicación.

En este comienzo del proceso de la enfermedad, el primer paso que da la célula consiste en «leer» genes concretos contenidos en el genoma viral. Esta «traducción» da como resultado un conjunto de proteínas que se reúnen para formar un dispositivo que reproduce miles de copias del genoma. Y aquí está lo deliciosamente «inteligente» de este coronavirus: esta entidad no viva ha desarrollado una forma de protegerse a sí misma de errores de ortografía genética que, de otra manera, podrían provocar su extinción. El coronavirus revisa su propio trabajo. Es capaz de corregir errores cometidos durante la replicación de su genoma, de tal modo que protege su virulencia y su capacidad para pasar a dañar más células humanas.

Varios rasgos de este «ciclo vital» del virus hacen que resulte especialmente complicado destruirlo con un fármaco. En primer lugar, el virus se replica a sí mismo dentro de una célula humana. Es difícil descubrir un método para atacar al virus y preservar la célula al mismo tiempo. Segundo, un sistema habitual para desactivar un virus es el bloqueo de su replicación mediante fármacos que imiten a moléculas esenciales en dicho proceso. Pero debido a las habilidades correctoras desarrolladas por el virus, la interrupción de la replicación es mucho más compleja. Justo cuando crees haber introducido un obstáculo demoledor para ese proceso de copia, interviene el corrector viral para eliminar nuestra intervención. Y tercero, el coronavirus es ágil. Puede cambiar. Las mutaciones en el genoma podrían muy bien zafarse de medicamentos diseñados para atacar un trozo determinado del genoma.[2]

Lo que hemos aprendido sobre la biología del coronavirus de la covid-19 nos revela que estamos enfrentándonos a un adversario especialmente fastidioso.

¿Qué le pasará a nuestro adversario? En 2003, la primera versión de este coronavirus –SARS-CoV-1– desapareció sin más, menos de un año después de que llegara. Hasta ahora no ha vuelto. Sin embargo, los coronavirus más estacionales sí regresan, un año tras otro, para generar variantes del resfriado común. El SARS-CoV-2, ¿desaparecerá o se volverá endémico, muy extendido en nuestra sociedad, como la gripe?

La respuesta a esta pregunta depende del riesgo de reinfección. Si la reinfección es frecuente, el virus volverá una y otra vez. Viviremos en un permanente estado de vulnerabilidad. Pero si es inhabitual, cabe la posibilidad de que seamos capaces de expulsar al coronavirus de nuestra sociedad para siempre. Por desgracia, se han producido varios casos de reinfección. En uno de ellos, un hombre de 25 años que vivía en Nevada dio positivo el 18 de abril de 2020, tuvo dos test negativos en su proceso de seguimiento, y el 5 de junio volvió a dar positivo. Según el análisis genético, cada infección presentaba diferencias significativas. La segunda fue más grave que la primera. Ese paciente concreto resultó contagiado por el SARS-CoV-2 en dos ocasiones diferentes por un virus genéticamente distinto.[3] La preocupante conclusión quizá sea que la exposición previa al virus no garantiza una inmunidad total. Todas las personas, tanto si han sido diagnosticadas de covid-19 como si no, han de tomar las mismas precauciones para protegerse contra los contagios. No obstante, en esta pandemia es aún demasiado pronto para estar seguros de lo frecuente que será la reinfección. Lo que sí sabemos es que cuatro factores influirán en el riesgo de reinfectarnos de este coronavirus y, por tanto, en el riesgo de endemismo.

El primero es el grado de inmunidad que cada individuo desarrolla tras el contagio. Si la inmunidad es duradera, el virus tiene menos oportunidades para volver a infectar a quienes ya infectara antes. Si la inmunidad es breve, las reinfecciones serán frecuentes y el virus seguirá circulando entre nosotros. La respuesta inmunitaria humana varía tanto que la reinfección acaso sea más probable. La persona de edad avanzada, por ejemplo, tiene una respuesta inmunitaria menos efectiva; este fenómeno se denomina «inmunosenescencia». A veces, la respuesta inmunitaria simplemente no basta para provocar inmunidad. O bien, si al principio es suficiente, quizá mengüe con el tiempo. El virus también muta, lo que le permitiría eludir la inmunidad que pudiera generarse inicialmente. (De todos modos, los coronavirus mutan bastante menos que los de la gripe, gracias en parte a su exclusivo mecanismo de corrección molecular.)

Una segunda influencia es la estacionalidad. ¿El contagio es más habitual en determinadas épocas del año? –por ejemplo, durante el invierno, cuando las personas están juntas dentro de casa, en la escuela, o se relacionan socialmente en espacios cerrados y abarrotados durante las vacaciones. Una estacionalidad fuerte favorece el regreso del virus. En tercer lugar, la interacción entre virus tal vez desempeñe un papel importante en la frecuencia de las reinfecciones. Una infección debida a diferentes virus podría preparar al sistema inmunitario, aumentando su nivel de alerta. Si llega un segundo virus, el sistema inmunitario del individuo quizá esté listo para entrar en acción más rápido de lo acostumbrado.

Por último, las intervenciones que efectuamos para reducir la prevalencia del virus determinarán la evolución de la pandemia. Cuanto más cumplamos las normas relacionadas con la higiene de manos y respiratoria y la distancia física, evitando reuniones masivas, trabajando en casa (si es posible), limitando los desplazamientos y llevando mascarilla, más fácil será echar al virus de nuestra sociedad. Un tratamiento farmacológico efectivo también sería de ayuda, pero, como ya he explicado, costará mucho diseñar un antiviral potente.

En todo caso, la intervención con más posibilidades de controlar esta pandemia es una vacuna. Los avances realizados hacia la consecución de una vacuna contra la covid-19 son inigualables. En noviembre de 2020, hubo en todo el mundo celebraciones junto a una gran dosis de alivio cuando la compañía farmacéutica Pfizer y la empresa biotecnológica BioNTech emitieron un comunicado de prensa según el cual su vacuna para la covid-19 tenía más de un 90 por ciento de efectividad en la prevención de la enfermedad. El hallazgo, el más esperado en la historia reciente de la salud pública, derivaba de un ensayo clínico con más de cuarenta mil participantes. Aunque se había completado apenas la mitad de la prueba, la vacuna parecía ser segura. El doctor Albert Bourla, presidente y director ejecutivo de Pfizer, dijo: «Hoy es un gran día para la ciencia y la humanidad». Tenía razón. Hasta ese momento, aunque diversos estudios anteriores se habían mostrado optimistas respecto al descubrimiento de una vacuna, no disponíamos de pruebas convincentes sobre la prevención de la enfermedad causada por el coronavirus. Este logro era realmente espectacular.

La historia de la vacuna Pfizer/BioNTech era fascinante también en otros aspectos. Los fundadores de BioNTech eran un equipo formado por marido y mujer: Uğur Şahin, profesor y director ejecutivo, y Özlem Türeci, directora médica. Ambos eran hijos de inmigrantes turcos en Alemania. Cuando llegó a su nuevo país, Şahin contaba cuatro años; más adelante estudió medicina en la Universidad de Colonia. Türeci creció en una familia de médicos –su padre era cirujano– y de pequeña no concebía otra cosa que dedicarse a la medicina. Se conocieron mientras trabajaban en el Centro Médico Universitario de Mainz y se casaron en 2002. Trabajaron en su laboratorio incluso el día de su boda. Juntos comprendieron el potencial de la ciencia para desarrollar nuevos tratamientos contra el cáncer. En 2016, vendieron su primera empresa, Ganymed Pharmaceuticals, por 459 millones de euros. Y entonces crearon BioNTech para seguir trabajando en tratamientos para el cáncer –concretamente, vacunas– basados en el sistema inmunitario. Hasta la vacuna del coronavirus, ninguno de sus productos había superado la fase de ensayos en el laboratorio.

Sin embargo, en enero Şahin leyó en *The Lancet* acerca de la incipiente pandemia. Y advirtió de inmediato la amenaza... y la oportunidad. Movilizó a seiscientos científicos de BioNTech para que empezaran a trabajar en una vacuna. Su enfoque era muy inusual. Muchas de las vacunas más efectivas –para la polio o el sarampión, por ejemplo– se basan en un virus debilitado (atenuado) o desactivado. Sin embargo, para estimular la inmunidad, la vacuna de BioNTech emplea material genético –un tipo de ARN denominado «ARN mensajero». El 12 de enero de 2020, los científicos chinos hicieron pública la secuencia genética del SARS-CoV-2. Şahin y Türeci se centraron en esa parte de la secuencia que fabricaba la proteína de la espícula (proteína S) en la superficie del virus. Cogieron la secuencia del ARNm que contiene las instrucciones para que las células humanas produzcan la citada proteína, y la envolvieron en una burbuja de grasa que permite a la vacuna entrar en la célula. Una vez dentro, el ARNm utiliza la maquinaria celular para elaborar grandes cantidades de proteína S, que a continuación se instala en la superficie celular y provoca la respuesta inmunitaria que protegerá a la persona contra la covid-19. A la persona que ha sido inmunizada, la vacuna le permite producir su propio medicamento. Muchos científicos tenían dudas de que una vacuna de ARNm pudiera surtir efecto. Sin embargo, hacia el 11 de marzo, cuando la OMS declaró oficialmente que la covid-19 tenía el carácter de pandemia, BioNTech ya había fabricado veinte candidatos a vacunas basadas en el ARNm.

Durante los primeros meses probaron sus prototipos de vacuna en ratones, ratas y monos, centrándose en cuatro que parecían las más prometedoras. Cuando ensayaron estos candidatos en seres humanos, una en concreto destacó como segura a la par que efectiva. No solo estimulaba la producción de anticuerpos que atacaran al virus, sino que además desencadenaba un tipo de inmunidad paralela –la inmunidad celular– en la que intervienen las células T. Esa vacuna conseguía agrupar todas las fuerzas del sistema inmunitario humano para proteger el cuerpo contra la infección viral y la enfermedad. En julio se iniciaron los ensayos cuyos resultados provisionales se dieron a conocer en noviembre.

El Reino Unido fue el primer país en dar la aprobación regulatoria a una vacuna –la primera, la de Pfizer/BioNTech. En diciembre de 2020 se pusieron en marcha diversos programas para vacunar a poblaciones prioritarias, empezando con las residencias de ancianos (el objetivo era favorecer a quienes corrían mayor riesgo de muerte prematura, aunque también era una desgarradora señal de reparación, pues precisamente al principio de la crisis sanitaria esas residencias se habían visto desatendidas). Los EE.UU. y Canadá también autorizaron enseguida la vacuna Pfizer/BioNTech. Pero sonaron todas las alarmas apenas unos días después de haber comenzado la campaña de vacunación, cuando tres receptores exhibieron reacciones alérgicas graves posiblemente vinculadas a su inmunización. Los tres presentaban un historial de enfermedades alérgicas. Los reguladores revisaron rápidamente sus advertencias y recomendaron que «ninguna persona con un historial de anafilaxia a una vacuna, un medicamento o un alimento debe recibir la vacuna Pfizer/BioNTech».

La aprobación de una vacuna para su uso humano generalizado fue un importante hito en la respuesta científica a la covid-19. No obstante, incluso ese éxito estuvo teñido de controversia política. El ministro de Salud del Reino Unido, Matt Hancock, afirmó que Gran Bretaña había sido el primer país en aprobar una vacuna «gracias al Brexit». El ministro de Educación, Gavin Williamson, fue más lejos al decir lo siguiente: «Yo solo creo que en este país tenemos a la mejor gente y que obviamente tenemos el mejor organismo regulador médico, mucho mejor que el que tienen los franceses, que el que tienen los belgas o que el que tienen los norteamericanos. Lo cual no me sorprende en absoluto, pues somos un país mejor que cualquiera de ellos». Aunque el primer ministro Boris Johnson no quiso respaldar ni a Hancock ni a Williamson, y aunque June Raine, directora ejecutiva de la Agencia Reguladora de Medicamentos y Productos Sanitarios del Reino Unido, rechazó de forma expresa las citadas afirmaciones, aquella interpretación nacionalista, realmente patriotera, del desarrollo y la aprobación de una vacuna provocó una lamentable confusión. Pues lo cierto es que la ciencia que había originado el desarrollo de una vacuna contra la covid-19 era consecuencia de una extraordinaria colaboración global: desde la secuenciación del virus a cargo de científicos chinos, a la elaboración de la vacuna en Alemania por inmigrantes de origen turco o su fabricación en Bélgica. El Reino Unido puede estar orgulloso de sus científicos, sin duda; un equipo dirigido por Sarah Gilbert y Andrew Pollard, de la Universidad de Oxford, en cooperación con AstraZeneca, creó su propia vacuna para la covid-19.[4] En todo caso, la lección de 2020 fue que la suma de alianzas científicas entre países produce más éxitos de los que podría alcanzar cualquier grupo de cualquier país que trabajara solo.

Pese al memorable éxito que sin duda supone el descubrimiento de una vacuna, todavía hemos de ser precavidos. El perfil de seguridad de la vacuna solo se conocerá del todo cuando la haya recibido más gente a la que se haya efectuado un seguimiento durante muchos meses. Aunque la vacuna de BioNTech previene contra la enfermedad, aún no sabemos si los inmunizados podrán transmitir o no el virus. Tampoco sabemos cuánto dura la inmunidad y si será elevada concretamente en ciertos grupos de riesgo, como por ejemplo las personas de edad avanzada. Los primeros indicios ponen de manifiesto que más del 90 por ciento de los contagiados con el SARS-CoV-2 generan respuestas de anticuerpos neutralizantes que permanecen estables durante varios meses. Este hallazgo es un buen augurio para una respuesta sostenida de la vacuna. También hay problemas logísticos. La vacuna se ha de conservar a una temperatura comprendida entre -70 y -80 grados centígrados. Se podrá distribuir solo a los lugares con capacidad para mantener estas rigurosas condiciones de congelación. Por otro lado, una vacuna no significa que podamos prescindir automáticamente de las mascarillas o desoír las indicaciones sobre higiene o distancia física. Sigue habiendo muchas incógnitas.

Un motivo adicional para el optimismo es que hay más de una vacuna en fase de desarrollo: bastantes más de cien en diferentes fases de ensayos preclínicos y clínicos. Y lo más importante es que se están desarrollando distintas categorías de vacuna. La de ARNm de BioNTech es la más innovadora. No obstante, hay otros tres enfoques que también justifican el optimismo y la esperanza. Uno es la vacuna que utiliza otro virus –denominado «adenovirus»– para entregar la proteína S al sistema inmunitario del receptor. Esta es la que ha desarrollado el equipo de Oxford. El Centro Gamaleya de Rusia y Johnson & Johnson también se sitúan en la vanguardia de esta tecnología. Otra estrategia es la liderada por una pequeña empresa biotecnológica norteamericana llamada Novavax, donde se usan células de polillas para fabricar la proteína S, que después se une a una partícula jabonosa. Para reforzar la respuesta inmunitaria, se añade un compuesto vegetal purificado –llamado «saponina»– como elemento coadyuvante. La ventaja de la vacuna de Novavax es que, como la de Oxford, es estable a temperaturas que oscilan entre dos y ocho grados centígrados (normales en una nevera), por lo que la logística de su distribución es mucho más sencilla. La tercera propuesta es la más tradicional: una versión desactivada del propio coronavirus.

Dicho todo esto, el reto es enorme. La mayoría de las vacunas para la covid-19 requieren dos inyecciones intramusculares, lo cual significa que, para satisfacer toda la demanda global, harán falta al menos entre 15 y 16.000 millones de dosis de vacunas, dos por cada persona del planeta. Ninguna empresa farmacéutica será capaz por sí sola de repartir esa cantidad. De modo que los obstáculos de la fabricación y la distribución no son menores. En consecuencia, es conveniente que estén desarrollándose diversas vacunas con una amplia cobertura geográfica.

Hemos de tener en cuenta otro problema. El movimiento contrario a las vacunas va en aumento. Según ciertos sondeos de opinión realizados en algunos países, estaría dispuesta a recibir una vacuna para el coronavirus menos de la mitad de la población con derecho a voto. Los argumentos contra la vacuna comparten un patrón. Según algunos, se han exagerado los peligros del virus. Otros dicen que la industria farmacéutica está intentando sacar provecho de la pandemia sin más. Y luego están quienes sostienen que la velocidad a la que están fabricándose las vacunas sin duda demuestra que se han pasado por alto ciertos requisitos en los ensayos de seguridad. Existen muchas páginas web dedicadas a difundir esas ideas a través de las redes sociales: por ejemplo, News Punch, Infowars o AlterNet. Al parecer, Elon Musk ha dicho que no permitirá que sus hijos reciban ninguna vacuna de la covid-19. En la carrera por fabricar la vacuna, y en plena celebración del éxito, se ha hecho muy poco para explicar a la gente el programa de inmunización consiguiente. En la actualidad, la información falsa es una amenaza seria.

En su libro de 2019 *La era de la desinformación*, Cailin O'Connor y James Owen Weatherall explican cómo persisten y se propagan las creencias falsas. Por otro lado, subrayan el carácter social de las noticias falsas, las *fake news*. Nuestras conexiones en grupos y redes permiten la difusión tanto de datos engañosos como de creencias verdaderas. Ciertos modelos de comunicación muestran la importancia de la confianza a la hora de diseminar ideas. Cuanto mayor es la desconfianza entre individuos con distintos puntos de vista, mayor es el riesgo de polarización permanente. También somos todos víctimas del sesgo de conformidad: un deseo de estar de acuerdo con otros y de confiar en el criterio de los demás. Debido a nuestra predilección por la conformidad, es más difícil adoptar una postura contra la corriente. Si tu red mantiene opiniones claras contra las vacunas, aunque seas proclive a confiar en la seguridad de una vacuna quizá te cueste más llegar a tu propia idea independiente. Además de eso, la información errónea se complica cuando hay propagandistas activos que difunden noticias falsas. Por desgracia, el ámbito de las vacunas para la covid-19 está lleno de propagandistas dispuestos a manipular y engañar.

En un estudio de Neil Johnson y un equipo de científicos norteamericanos, la dimensión del problema afrontado por quienes se esfuerzan por generar confianza en una vacuna para la covid-19 estaba lamentablemente más que claro.[5] Tras analizar a 100 millones de personas que habían expresado ideas sobre la vacunación, observaron que las opiniones negativas sobre las vacunas habían llegado a ser «sólidas y resilientes». Los propagandistas antivacunas son relativamente pocos en número, pero están muy mezclados con quienes se muestran indecisos acerca de la seguridad de esas inmunizaciones, lo cual les da la oportunidad de influir en los individuos que aún no se han decidido. En cambio, los defensores de las vacunas suelen estar más aislados de la corriente dominante, por lo que no solo tienen menos oportunidades para influir en los indecisos sino que además creen que van ganando en el enfrentamiento. Los antivacunas interaccionan mejor con los indecisos que con los favorables a vacunar. Peor aún: aunque el argumento a favor de las vacunas parece claro, las diversas teorías conspirativas fomentadas por los antivacunas ofrecen múltiples relatos atractivos para convencer a los titubeantes. Estos relatos tienen un impacto enorme. El movimiento contrario a las vacunas está creciendo mucho más deprisa que su equivalente del otro bando. La aterradora conclusión a la que llegan Johnson y sus colegas es que, en el espacio de una década, las ideas de los antivacunas serán dominantes. Ni todo el ingenio científico del mundo en el desarrollo de una vacuna contra la covid-19 podrá contrarrestar esta peligrosa tendencia.

A eso hay que añadir que, pese a la falta de datos completos de ensayos clínicos en su última fase, estos van llegando con el uso de las vacunas para la covid-19. En concreto, las vacunas de procedencia rusa y china, con aún pocos datos sobre esta última fase de los ensayos clínicos, se están administrando a poblaciones seleccionadas: por ejemplo, en las fuerzas armadas de sus respectivos países y en los Emiratos Árabes Unidos. Si resulta que alguna de ellas tiene un efecto adverso grave, y si este perjuicio se convierte en noticia de portada en todo el mundo, las consecuencias negativas para la confianza en la vacuna podrían ser irreparables. De momento, sin embargo, nada de esto ha ocurrido.

¿Qué se puede hacer? Aunque no escriben en concreto sobre la covid-19, O'Connor y Weatherall sacan conclusiones aplicables a la presente pandemia. Pero antes hacen una advertencia: quienquiera que crea, remarcan, que el «mercado de las ideas» separará los hechos de la ficción está equivocado. A la desinformación solo la derrotaremos mediante un esfuerzo activo.

En primer lugar, las empresas de redes sociales, ante todo Facebook y Twitter, han de hacer más para supervisar sus redes y eliminar información falsa sobre las vacunas para la covid-19. Si estas empresas no se toman esto en serio, deberían intervenir los gobiernos para obligarles a actuar. Segundo, políticos que gocen de la confianza de todos los partidos (y otros personajes públicos) han de expresar su apoyo a la ciencia de la vacuna para la covid-19. Tercero, los científicos de las vacunas han de subir el nivel. Según O'Connor y Weatherall, los investigadores tienen que generar confianza dejando de estar financiados por el sector farmacéutico. Como he explicado, esto no va a pasar en una vacuna para la covid-19. Las grandes farmacéuticas y las pequeñas biotecnológicas han impulsado conjuntamente los avances hacia una vacuna: se trata de una colaboración impecable. Sin embargo, es importante que los científicos conserven la máxima independencia posible con respecto a las empresas que patrocinan sus estudios. No contribuye a generar confianza el hecho de que el anuncio del resultado de una vacuna nueva se haga mediante un comunicado de prensa de una compañía farmacéutica, como ocurrió en el caso de la de BioNTech/Pfizer. El equipo de Oxford lo hizo mejor: cuando se anunciaron los nuevos resultados, aparecieron en primera plana los investigadores, no los ejecutivos de la empresa AstraZeneca. Cuarto, los periodistas deberían evitar la difusión involuntaria de información falsa. No han de ofrecer ninguna clase de plataforma a los antivacunas, ni siquiera en nombre de la «información equilibrada». Quinto, los legisladores pueden hacer más para regular fuentes de información falsa, como han hecho con respecto a otras amenazas para la salud pública (las leyes para el control del tabaco, por ejemplo).

La principal conclusión de O'Connor y Weatherall es esta: «Hemos de identificar las noticias falsas como un problema grave cuya resolución requiere inversión y rendición de cuentas». La información falsa sobre la vacuna para la covid-19 no la tomamos tan en serio como deberíamos. Hay que terminar con esta complacencia.

La covid-19 no es una pandemia. El enfoque adoptado por científicos y gobiernos del mundo entero para «derrotar» a este coronavirus ha sido demasiado limitado. Hemos considerado que la causa de esta emergencia sanitaria era el brote de una enfermedad infecciosa. Por ahora, todas nuestras intervenciones –desde llevar mascarilla hasta los tratamientos nuevos, como el antiviral remdesivir– se han centrado en cortar las vías de contagio del virus para poner fin a la epidemia. La ciencia que ha orientado a los gobiernos ha sido impulsada sobre todo por modelos matemáticos y especialistas en enfermedades infecciosas. Como es lógico, han abordado la presente crisis basándose en su conocimiento de epidemias anteriores, como la de la peste.

No obstante, lo que hemos aprendido nos invita a pensar que la historia de la covid-19 no es tan sencilla. La realidad es que dos categorías de enfermedad están interaccionando dentro de poblaciones específicas. Por un lado, la infección por coronavirus está provocando daños concretos entre los más mayores y quienes sufren afecciones crónicas, como obesidad, diabetes o hipertensión. Pero algo aún peor es que estas interacciones están juntándose en determinados grupos sociales con arreglo a patrones de desigualdad muy incrustados en nuestras respectivas sociedades. La agregación de estas condiciones de conexión –infección viral y enfermedades crónicas no contagiosas– en contextos de desigualdad social y económica está agravando los efectos adversos de cada dolencia por separado. Por tanto, la covid-19 no es una pandemia, sino algo peor. Es una sindemia: una suma de epidemias. La naturaleza sindémica de la amenaza de la covid-19 que afrontamos significa que, si queremos proteger la salud de nuestra gente, hace falta un enfoque mucho más matizado.

La idea de sindemia se le ocurrió en la década de 1990 a Merrill Singer, antropólogo médico norteamericano, según el cual no podemos conocer realmente los efectos de una enfermedad analizándola de forma aislada. En aquel entonces Singer estaba estudiando la epidemia del sida, y advirtió que afectaba especialmente a las comunidades afroamericanas urbanas y pobres. Observó además que el VIH solía estar asociado a otras enfermedades, como la tuberculosis o la hepatitis, todo ello en el contexto de unas circunstancias económicas y sociales precarias. Estas afecciones y sus riesgos conexos no existían una junto a otra sin más, sino que cada una empeoraba a la otra. Si la persona era pobre y padecía otras enfermedades, el sida agravaba su situación sanitaria. Del mismo modo, la pobreza agravaba la situación de quienes vivían con el VIH. Estas interacciones llegaron a constituir la base de su concepto de sindemia. Singer supo captar los vínculos entre los determinantes sociales y biológicos de una enfermedad y definir las consecuencias de estos vínculos en el diagnóstico, el tratamiento y las políticas sanitarias en su sentido más amplio.

Por tanto, la conclusión relativa al coronavirus está muy clara. Si queremos proteger a la sociedad contra esta enfermedad contagiosa, hemos de prestar mucha más atención a la prevención y al tratamiento de enfermedades crónicas ya existentes. Asimismo hemos de llevar a cabo esfuerzos mucho más enérgicos para reducir las desigualdades socioeconómicas.

Las sindemias se caracterizan por interacciones sociales y biológicas que aumentan la susceptibilidad de un individuo a la enfermedad o a empeoran su situación sanitaria. En el caso de la covid-19, para frenar satisfactoriamente los contagios hay que reducir o eliminar los factores que predisponen a las enfermedades crónicas como requisito previo. A escala global, lo bueno es que están disminuyendo las muertes prematuras debidas a dolencias crónicas; lo malo es que el ritmo de este cambio es muy lento. Por otro lado, en ciertas afecciones predisponentes, en particular la obesidad y la diabetes, la situación es verdaderamente muchísimo peor.

Tener sobrepeso o estar obeso es uno de los principales factores de riesgo para tener un mal pronóstico con respecto a la covid-19. Un método habitual para medir el peso es el índice de masa corporal, o IMC, que se calcula dividiendo la masa de una persona por el cuadrado de su altura. Por ejemplo, una persona que pese 75 kilos y que mida 1,88 metros tendrá un IMC de 21,2 (75 dividido por 1,88 al cuadrado). Si tienes un IMC inferior a 18,5, pesas demasiado poco. Un peso corporal sano oscila entre 18,5 y 24,9. Si tienes un IMC comprendido entre 25 y 29,9, pesas demasiado; si pasas de 30, eres oficialmente obeso.

La Carga Mundial de Morbilidad es una colaboración internacional de más de 5.000 científicos. Tiene la sede en la Universidad de Washington, en Seattle, y está financiada por la Fundación de Bill y Melinda Gates. Cada año elabora estimaciones anuales de mortalidad y morbilidad para 369 enfermedades y 87 factores de riesgo en 204 países. Es el equivalente del Proyecto Genoma Humano, pero para enfermedades en vez de genes. Uno de los riesgos que supervisan es el IMC. Sus hallazgos son sorprendentes, sobre todo en el contexto de la covid-19. En 2019, el sobrepeso y la obesidad fueron responsables de la muerte de cinco millones de hombres y mujeres.[6] Ese año se produjeron 56,5 millones de muertes, y la obesidad y el sobrepeso contribuyeron a casi una de cada diez de esas muertes globales. Un porcentaje elevadísimo.

Por lo demás, el problema del sobrepeso y la obesidad se está agravando. En 1990, un IMC elevado era el noveno factor de riesgo causante de muerte. En 2010, había ascendido a la séptima posición de la lista. En 2019, era el sexto. Entre 2010 y 2019, las muertes atribuibles a la obesidad y al sobrepeso habían aumentado un 32 por ciento.

Proteger a la gente contra la covid-19 conlleva abordar el exceso de peso y la obesidad, junto con la diabetes, la hipertensión y las enfermedades cardiovasculares y respiratorias crónicas, amén de otras afecciones. También significa abordar la vulnerabilidad de los ciudadanos de más edad, en especial los que viven en residencias; las comunidades étnicas minoritarias; y los trabajadores clave que no tienen la suerte de poder trabajar en casa.

El asesinato de George Floyd, un afroamericano de 46 años, en Minneapolis, Minnesota, el 25 de mayo de 2020, inyectó el problema de la desigualdad racial en la respuesta a la covid-19. Debido a las privaciones sociales y económicas, estas poblaciones étnicas minoritarias se han vuelto especialmente vulnerables al contagio del coronavirus y sus dañinas consecuencias. El asesinato ciertamente espantoso de George Floyd, grabado con una cámara durante 8 minutos y 46 segundos, desencadenó protestas en todo el mundo e impulsó una exigencia de acciones políticas para abordar la desigualdad racial. Tras aquello, también los médicos insistieron en que los gobiernos tenían el imperativo moral de luchar contra el racismo en el marco de su respuesta a la covid-19.

Sobre la covid-19 hay una verdad apenas reconocida. Con independencia de lo efectivo que sea un tratamiento o de lo protectora que sea una vacuna, en última instancia la búsqueda de una solución puramente biomédica fracasará. Este coronavirus ha golpeado sociedades debilitadas por fuerzas económicas y políticas que han estado actuando durante generaciones. Las desigualdades acentuadas en los últimos años han agravado los riesgos de la covid-19. Si los gobiernos no diseñan medidas y programas para revocar estas profundas diferencias, nuestras sociedades no estarán nunca del todo a salvo de la covid-19. Hemos entendido mal y subestimado lo que esta pandemia –esta sindemia– representa realmente para cada uno de nosotros.

De la primera ola de la infección por coronavirus se sacaron lecciones claras que se han de aplicar en los sucesivos repuntes de la covid-19.[7] Por desgracia, pese al amplio consenso científico en torno a estas lecciones, los gobiernos no las han aprendido en toda su dimensión.

La primera lección es que los confinamientos no son la solución permanente para una pandemia. Cuando a principios de 2020 los países decidieron imponer confinamientos, se hizo creer a la gente que el cumplimiento de un aislamiento estricto resolvería la inminente crisis. La gente obedeció de buena gana convencida de que esa conmoción brusca y breve sería un episodio puntual. Los confinamientos consiguieron reducir la transmisión viral y evitar que los servicios sanitarios acabaran desbordados por pacientes de covid-19. Sin embargo, los confinamientos por sí solos no son tratamientos efectivos de las pandemias. Los confinamientos solo sirven para ganar tiempo con el que poner en marcha otras protecciones.

Una segunda lección importante fue que cada país necesita un sistema de salud resiliente para poder afrontar consecuencias de un brote tan grave como el de la covid-19. Tener resiliencia significa contar con suministros suficientes de equipos protectores personales y las necesarias instalaciones para cuidados intensivos y alta dependencia, incluyendo ventiladores, así como profesionales sanitarios cualificados para ocuparse de esa asistencia. Solo integrando esta capacidad adicional en el sistema sanitario podremos evitar la cancelación de servicios no urgentes, algo que sucedió en muchos países europeos. El sistema de salud también debe ser capaz de incorporar la asistencia social a su planificación. El envío de pacientes con covid-19 desde hospitales a residencias sin efectuarles el test, con el efecto de que muchos residentes de los centros acabaron contagiados, se debió al menos en parte a que los sistemas de salud y de asistencia social funcionaban uno al margen del otro.

En tercer lugar, los países precisan de sistemas públicos de salud sólidos. Dos aspectos de la salud pública han demostrado ser clave para el éxito: el liderazgo y un sistema efectivo de test, rastreo y aislamiento. Los países que tuvieron un buen desempeño durante la primera ola de la pandemia contaron con un liderazgo claro y eficiente para convertir los datos en medidas políticas, en el que a menudo las instituciones nacionales de salud pública desempeñaron un papel crucial (un buen ejemplo es el Instituto Robert Koch en Alemania). Cuando las instituciones de salud pública fueron dejadas de lado, como sucedió en los EE.UU., donde el presidente Trump pasó por alto los consejos del respetado Centro para el Control y Prevención de Enfermedades, la transferencia de conocimiento fiable a los órganos decisorios se vio obstaculizada. En muchos países, la falta de adecuados sistemas de test, rastreo y aislamiento supuso un grave punto débil adicional. La falta de sistemas de pruebas capaces de proporcionar resultados en el plazo de 24 horas o la escasez de equipos de rastreadores que pudieran llevar a cabo el seguimiento de los contactos reveló que en general los países estaban mal preparados para una segunda ola de contagios. Corea del Sur lo hizo bastante bien durante la primera ola en parte porque su sistema de test, rastreo y aislamiento se encontraba logísticamente en mejores condiciones que los de muchos otros países. (Corea del Sur también sacó provecho de los altos niveles de confianza en su gobierno, lo cual contribuyó a niveles elevados de cumplimiento de las normas de confinamiento. No todos los países han tenido la misma fortuna en cuanto a la preservación de la confianza en las autoridades públicas.)

Con respecto a lo agresivo que debería ser un sistema de test, rastreo y aislamiento, hay diferentes opiniones. Cuando los niveles del virus en la comunidad son altos, cualquier sistema de pruebas y rastreos va a tener dificultades. El número de contactos sobrepasará la capacidad de rastreo. Pero si la transmisión comunitaria ha sido controlada (p. ej., inmediatamente después de un confinamiento), un sistema de test y rastreo bien organizado tendrá una gran importancia para reducir las posibilidades de nuevas propagaciones virales, siempre y cuando se produzca una observancia generalizada de las normas de autoaislamiento.

Quizá la propuesta más ambiciosa fue la de Julian Peto, epidemiólogo de la Escuela de Higiene y Medicina Tropical de Londres, cuya idea consistía en hacer pruebas repetidas y universales: evaluar a toda la población cada semana y, si el test da positivo, insistir en una cuarentena estricta. La cuarentena terminaría cuando todos los miembros de una familia dieran negativo en el test. De este modo, sería imposible que los individuos contagiados, aunque lo estuvieran en potencia, siguieran transmitiendo el virus, lo cual permitiría al resto de la sociedad seguir con la vida normal (sin dejar de cumplir medidas como la higiene respiratoria y de manos, el uso de mascarilla o la distancia física). Por desgracia, no obstante, como hemos observado en muchos países occidentales, los gobiernos y los sistemas de salud pública han tenido muchas dificultades para poner en marcha un sistema efectivo de test, rastreo y aislamiento.

Una cuarta lección fue la importancia de generar confianza entre la gente y el gobierno mediante la comunicación y el apoyo claros. Los dirigentes políticos de muchos países subestimaron la importancia de la confianza y la comunicación. En muchos países, las disputas sobre la distancia física, el empleo de mascarillas, el cierre de escuelas y universidades, la conveniencia de ir a trabajar (o no) o la asistencia a reuniones masivas acabaron siendo motivos de desavenencia. En muchos aspectos, era comprensible la falta de coherencia de las recomendaciones a la gente, pues los científicos tardaron un cierto tiempo en saber, por ejemplo, que un coronavirus podía transmitirse mediante aerosoles: es decir, podía flotar en el aire en forma de pequeñas partículas sin caer enseguida sobre las superficies debido a la fuerza de la gravedad. En todo caso, esos desacuerdos se cobraron su peaje. A veces, algunos comentaristas hicieron campaña contra las opiniones científicas mayoritarias. En el Reino Unido, un ejemplo fue el de Peter Hitchens, que criticó continuamente al gobierno por su recomendación de llevar mascarilla. Hitchens, que llamaba a las mascarillas «pañales para la cara» y «bozales», afirmaba que las personas estaban volviéndose sumisas y mudas.

Una última lección concierne a las fronteras nacionales. La Organización Mundial de la Salud ha aconsejado sistemáticamente que no se viaje o se impongan restricciones a los viajes a países con brotes de covid-19. Sus argumentos son convincentes. Dedicar tiempo a vigilar una frontera cerrada exige utilizar recursos valiosos, sobre todo personas, que podrían realizar intervenciones más efectivas. Las restricciones para viajar también pueden interrumpir la ayuda y el apoyo técnico. O acaso empeoren el impacto económico adverso en un país. Sin embargo, al principio de una pandemia, o cuando un país está abandonando el confinamiento, tener las fronteras abiertas restablece el riesgo de importación de nuevos contagios. Diversos países asiáticos (Japón, Corea del Sur, Singapur, Hong Kong) pusieron en práctica rigurosos controles fronterizos en el marco de su respuesta pandémica, a menudo con test obligatorios y una cuarentena de catorce días para abarcar todo el período de incubación del virus.

Estas lecciones llevan dos notas a pie de página. Una es que, para tomar decisiones efectivas, las autoridades han de contar con datos precisos. En los países ricos, pese a las dificultades con los sistemas de test y rastreo, los institutos nacionales de estadística suelen procurar a los gobiernos información muy fiable. No obstante, en muchos países pobres los sistemas de información sanitaria son a menudo débiles o incluso ni siquiera existen, en cuyo caso, si sobreviene una pandemia, los gobiernos van a ciegas. No dispondrán de las personas, los equipos ni los recursos necesarios para investigar el estallido de una enfermedad infecciosa nueva. En numerosos países del África subsahariana y del sur de Asia, esta falta de información fidedigna ha sido su problema más grave.

Una segunda nota es que la ciencia hizo una enorme aportación a combatir la covid-19 al suministrar datos que orientaran a los políticos. Contar con un sistema bien financiado –universidades, centros de investigación, laboratorios y personal científico bien cualificado– no garantiza el éxito (basta con ver la actuación de los EE.UU. y el Reino Unido). De todos modos, la ciencia sin duda ayudó a la gente a comprender la amenaza de este coronavirus nuevo y posibilitó el desarrollo rápido de nuevos tratamientos y vacunas. Si durante los próximos cinco años a las economías les cuesta volver a crecer, surgirá la tentación de recortar el gasto público. Al mismo tiempo, las arcas públicas recibirán otras demandas apremiantes. Espero que si los gobiernos reducen el gasto recuerden que un sistema de investigación sólido tiene tanto que ver con la patria y la seguridad económica como con el conocimiento y el progreso.

Existe aún otra lección que quizá no había sido prevista. En 2019, *The Lancet* publicó un estudio del Consejo de Relaciones Exteriores, con sede en Washington, DC. Thomas Bollyky y sus colegas investigaron la relación entre democracia y salud.[8] Tras relacionar el régimen político de un país con medidas de la esperanza de vida y la mortalidad, observaron que «las democracias son más susceptibles que las autocracias de generar beneficios sanitarios». Antes de la covid-19 quizás habríamos coincidido con esta idea, esto es, las ventajas intrínsecas de las democracias con respecto a otros sistemas políticos. Ya no.

Los peores resultados de la covid-19 –muertos por 100.000 habitantes– se iban a producir en países democráticos. Los diez países que han tenido las peores cifras de mortalidad son Bélgica, Perú, España, Italia, Reino Unido, Argentina, México, Bosnia y Herzegovina, los EE.UU. y Brasil. En el Índice de Democracia anual (de 2019) de *The Economist*, Bélgica ocupa el puesto 33 de entre 167 países. En orden descendente, después de Bélgica, las clasificaciones de los países con peor desempeño respecto al coronavirus ocupan los lugares 58, 16, 35, 14, 48, 73, 102, 25 y 52. De estos diez países, nueve se ubican en la mitad superior de las democracias mundiales. Bosnia y Herzegovina es un caso atípico. ¿Cómo es que algunos de los peores resultados se dieron en las que, por lo visto, son algunas de las sociedades más plurales y más políticamente avanzadas del mundo?

¿Acaso la respuesta reside en el grado de populismo político de un país? Al parecer hay cierta relación. El presidente Trump, el primer ministro Boris Johnson, el presidente Jair Bolsonaro y el presidente Andrés Manuel López Obrador son populistas en el sentido de que se han definido a sí mismos como los defensores de los ciudadanos corrientes. Sin embargo, los gobiernos de Bélgica, España e Italia no son populistas, desde luego. Por otro lado, algunos de los países europeos más populistas han mostrado un buen desempeño. Viktor Orbán es el primer ministro –descaradamente populista– de Hungría. Sin embargo, en su país ha habido una tasa de mortalidad por covid-19 del 19 por cien mil; en el caso del Reino Unido, España e Italia, hablamos del 81, el 91 y el 79 por cien mil, respectivamente.

A decir verdad, probablemente la respuesta es que no hay una explicación sencilla de por qué a las democracias les ha ido peor que a otros regímenes políticos más autoritarios. Sin embargo, sí creo que un factor ha contribuido a los índices de mortalidad superiores: la pérdida de confianza pública en el gobierno, algo que se agravó cuando el debate degeneró en sectarismo político.

En el Reino Unido, el nombre de Dominic Cummings ha acabado teniendo más importancia que la merecida por el impacto de su labor como principal asesor político del primer ministro Boris Johnson. En cualquier caso, su nombre pasará a la historia de la covid-19. El 22 de mayo, *The Guardian* y el *Daily Mirror* informaron de que Cummings habían infringido las normas de confinamiento al haber recorrido 420 km en coche, con su esposa y su hijo, hasta una segunda residencia. Tras afeársele la conducta, Cummings no se disculpó ni dimitió. En vez de ello, negó cualquier irregularidad en una singular alocución televisada en el Rose Garden de Downing Street. Johnson respaldó incondicionalmente a su consejero. No obstante, Daisy Fancourt y un equipo del Departamento de Salud y Ciencias del Comportamiento del University College de Londres demostraron que estos hechos perjudicaban gravemente la confianza en la capacidad del gobierno para gestionar la pandemia.[9] Después de analizar datos de confianza en el gobierno, pusieron de manifiesto que desde el 22 de mayo en Inglaterra se había producido un brusco descenso de esa confianza, disminución que se mantuvo durante los días siguientes sin llegar a restablecerse dicha confianza. No hubo indicios de pérdidas similares de confianza en los gobiernos escocés o galés, lo cual indicaba que se trataba de un efecto Cummings específico en el gobierno del que el consejero formaba parte. La confianza en el gobierno de Johnson se mantuvo baja.

La credibilidad también empezó a menguar en otros aspectos incluso más perniciosos: comenzó a formarse una brecha en la fe de la gente y los políticos en la ciencia. Mientras muchos países afrontaban el resurgimiento de la transmisión del coronavirus a finales de agosto, los asesores científicos comenzaron a recomendar más restricciones. Sin embargo, mientras en marzo la gente estaba preparada para quedarse en casa y de este modo proteger su salud y evitar el colapso de los servicios sanitarios, la creciente emergencia económica empezó a generar resistencias ante los científicos y sus mensajes, de tal modo que los propios científicos empezaron a ser objeto de oprobio público. «Gran Bretaña es el asidero de la ciencia loca», escribía un comentarista político en octubre. «Boris es ahora prisionero de los científicos», rezaba un titular de periódico. Robert Dingwall, profesor de sociología, señaló que «nos hemos encontrado en manos de una élite médica y científica con un conocimiento limitado de la humanidad y sus necesidades».

Las razones de esta crisis en la ciencia de la covid-19 fueron sobre todo autoinfligidas. Se desvaneció el consenso inicial sobre cómo gestionar la propagación del virus. Los científicos se escindieron en facciones. En el Reino Unido, la división empezó con la creación de un Grupo Asesor Científico Independiente para Emergencias, presidido por Sir David King, antiguo consejero científico jefe del gobierno. La ruptura continuó con ataques cada vez más personales. Carl Heneghan y Tom Jefferson escribieron lo siguiente en *The Mail on Sunday*: «Es una desgracia que el señor Johnson esté rodeado de asesores científicos mediocres». Heneghan, Jefferson y otros desarrollaron su oposición en una carta abierta en la cual sostenían que las medidas políticas del gobierno del Reino Unido, basadas en consejos de su médico jefe y su asesor científico jefe, estaban provocando «un daño considerable en todos los grupos de edad». Otros científicos redactaron una carta de respuesta en la que expresaban su claro respaldo a una política «que eliminara el virus de la población entera». Según

Dingwall, este punto de vista era solo un caso de interés personal de los científicos: «Los científicos de laboratorio [...] necesitan justificar la financiación de sus investigaciones», escribió. Los medios de comunicación interpretaron que esas fracturas indicaban una disfunción grave en el gobierno. «¿Cómo podemos hacer caso a la ciencia si los científicos no tienen la más remota idea?», concluía un observador.

Por otro lado, parecía que algunos científicos asesores del gobierno estaban sacando provecho de una emergencia nacional al tener jugosos intereses económicos en negocios ligados a la covid-19. Un titular de periódico llamó poderosamente la atención ante estos presuntos conflictos de interés: «El zar de los test de la sanidad pública tiene acciones por valor de 925.000 euros de una empresa que nos vendió equipos de protección 'inútiles' por valor de 15,5 millones de euros».

¿Qué pueden deducir los políticos y la gente de esas divisiones y acusaciones? Probablemente estarán perplejos. Y esta perplejidad podría muy bien, como sucedió con Dominic Cummings, convertirse rápidamente en desconfianza. Un aspecto corrosivo de la pandemia era que, a medida que avanzaba, la gente fue dudando de que los científicos estuvieran ofreciendo consejos imparciales e independientes al gobierno, culpándoles de hundir la economía, aumentar el paro y empobrecer a la población. Se les acusaba de filtrar documentos confidenciales a los periodistas, de favorecer sus ideas personales y de colaborar con partidos políticos de la oposición. La ciencia ha contribuido muchísimo al conocimiento y la gestión de la pandemia del coronavirus. No obstante, la covid-19 también ha proporcionado a algunos científicos y periodistas una tribuna para aprovecharse imprudentemente de una crisis que ha producido incertidumbres y contingencias inevitables.

Los confinamientos llegaron a ser el símbolo por excelencia de la covid-19. Enclaustrar la sociedad era la única herramienta de los gobiernos para garantizar la interrupción de la transmisión viral: instrucciones para quedarse en casa; restricciones en los desplazamientos; escuelas y universidades cerradas; obligación de no socializar; cierre de la hostelería, locales de entretenimiento, tiendas no esenciales, servicios de alto contacto (como las peluquerías) y gimnasios e instalaciones deportivas; limitación del número de asistentes a bodas y funerales; y toques de queda. Estas medidas, junto con las normas sobre higiene, la distancia física, la protección de los enfermos y los mayores de setenta años, el autoaislamiento en caso de síntomas y el uso de mascarillas, recibieron el nombre de «intervenciones no farmacológicas». Por lo demás, se demostró sistemáticamente que el efecto combinado de estas acciones era la única manera de reducir el número básico de reproducción, R, por debajo de 1. De hecho, según diversos modelos de científicos de la Escuela de Higiene y Medicina Tropical de Londres, no solo habrían hecho falta estas medidas extremas para controlar la epidemia, sino que también habría habido que mantener permanentemente en vigor intervenciones más profundas, con confinamientos sostenidos de manera regular hasta que o bien se alcanzara la inmunidad de grupo, o bien dispusiéramos de un número elevado de gente vacunada.

Sin embargo, los confinamientos comportan un coste humano tremendo. En Inglaterra, por ejemplo, se redujeron el número de ingresos hospitalarios de pacientes con enfermedad cardíaca aguda. Este descenso demostraba el éxito de las instrucciones para quedarse en casa. No obstante, este menor número de admisiones hospitalarias de enfermos graves se tradujo en un aumento de fallecimientos por cardiopatías fuera del hospital. En Francia se observó el mismo patrón. Peor todavía: los científicos franceses informaron de que durante el confinamiento se duplicaron los paros cardíacos fuera de los hospitales, seguramente debido a que quienes desarrollaron síntomas de dolor torácico no fueron llevados a un centro hospitalario.

Se advirtió un efecto parecido en los casos de cáncer. En los países que impusieron confinamientos, se espera que durante los próximos cinco años los retrasos en los diagnósticos provoquen un acusado aumento de los fallecimientos por cáncer de mama, colon y pulmón. De hecho, cuando se puso fin a los confinamientos, los servicios sanitarios se enfrentaron a una gran acumulación de casos de personas no diagnosticadas con un cáncer en fase avanzada. La salud mental fue otra víctima de los confinamientos. En el Reino Unido, durante la primera cuarentena, los niveles de angustia mental aumentaron de forma significativa desde el punto de vista clínico. Los efectos fueron especialmente duros para los jóvenes de edades comprendidas entre los dieciocho y los treinta y cuatro años, las mujeres y las personas que vivían con niños pequeños. Durante el confinamiento, en las consultas de medicina general se redujeron a la mitad los diagnósticos de enfermedades comunes de salud mental, como los trastornos de ansiedad o la depresión. De nuevo, al parecer los confinamientos provocan que muchos pacientes se vean desatendidos y con afecciones no diagnosticadas.

En los países con menos recursos, los impactos de las cuarentenas fueron más lejos. En Nepal, por ejemplo, los nacimientos en los hospitales se desplomaron en un 50 por ciento. La consecuencia fue un incremento trágico y evitable de muertes fetales y neonatales. Los confinamientos redujeron muchísimo la calidad de la asistencia durante el embarazo y el parto. Por su lado, las mujeres de Bangladés informaron de reducciones en la oferta de trabajo remunerado, aumentos de la pobreza extrema, niveles crecientes en la inseguridad alimentaria, agudización de la depresión y la ansiedad, y mayores índices de violencia física y emocional.

Por lo tanto, cuando llegó la segunda ola de la pandemia, era totalmente lógico que los políticos y la gente preguntaran si había o no otro camino. Los confinamientos son brutales, son instrumentos contundentes de coacción nacional. Una serie de epidemiólogos de enfermedades infecciosas y científicos de la salud pública aunaron esfuerzos para ofrecer una alternativa al confinamiento. Y redactaron lo que se conoció como Declaración de Great Barrington, que alude al nombre de la ciudad de Massachusetts donde tiene su sede el Instituto Americano de Investigación Económica (que proporcionaba ayuda *pro bono* [para el bien público]). La Declaración la escribieron en octubre de 2020 el doctor Jay Bhattacharya (profesor de medicina en la Universidad de Stanford), la doctora Sunetra Gupta (especialista en enfermedades infecciosas en la Universidad de Oxford) y el doctor Martin Kulldorff (bioestadístico de la Universidad de Harvard). Su finalidad era abordar «el modo en que las actuales estrategias sobre la covid-19 están obligando a nuestros hijos, a la clase trabajadora y a los pobres a soportar la carga más pesada». En lugar de confinamientos, la Declaración recomendaba una «protección focalizada». Sus autores lo expresaban así:

El enfoque más compasivo que equilibra los riesgos y los beneficios de la inmunidad de grupo consiste en permitir que quienes corren un riesgo muy pequeño de morir vivan su vida con normalidad a fin de generar inmunidad frente al virus mediante el contagio natural, al tiempo que se protege más a quienes corren un riesgo mayor. A esto lo llamamos Protección Focalizada.

La respuesta no se hizo esperar. Un contramovimiento de científicos cuyos ámbitos iban desde las enfermedades infecciosas a la pediatría, o desde la política sanitaria a la epidemiología, colaboraron para gestar lo que denominaron Memorándum John Snow, en honor del hombre que, en 1854, pasó a la historia por haber hecho clausurar una fuente en Broad Street, Londres, con lo que se puso punto final a un brote de cólera y se demostró que la enfermedad se transmitía a través del agua. Sostenían que la protección focalizada era «una falacia peligrosa». Así lo expresaban:

> Cualquier estrategia de gestión pandémica basada en la inmunidad a partir de los contagios naturales de la covid-19 tiene puntos débiles. La transmisión incontrolada en las personas más jóvenes supone el riesgo de una morbilidad y una mortalidad considerables en el conjunto de la población. Además del coste humano, esto afectaría a la totalidad de la población activa y desbordaría la capacidad de los sistemas sanitarios para proporcionar cuidados rutinarios e intensivos.

No obstante, este debate se basa en una disyuntiva engañosa. La atractiva falsedad era que, para salir del apuro, la única solución era la responsabilidad individual. En el Reino Unido, en octubre, un grupo de miembros del Partido Conservador de la Cámara de los Comunes, encabezados por el escritor científico (Viscount) Matt Ridley, escribió en *The Times* que «todo aquel que quiera reanudar su vida normal, y correr el riesgo de coger el virus, debe ser libre de hacerlo». Pero mientras las opiniones pueden variar, los hechos de la segunda ola eran incuestionables. En todos los países europeos, y en el conjunto de Norteamérica, la incidencia de la covid-19 estaba aumentando en todos los grupos de edad. Estaba aflorando una epidemia generalizada. En casi todas partes, el valor R se situaba por encima de 1. Tras un período comprendido entre siete y catorce días, los contagios se duplicaban. Los sistemas de test, rastreo y aislamiento de quienes habían estado en contacto con la infección no estaban funcionando bien. En un estudio tras otro se demostraba que más del 90 por ciento de la población todavía era susceptible de contagiarse tras la primera ola. Por otro lado, la mayor carga de la covid-19 aún la soportaban los más débiles y vulnerables de la sociedad. Esta enfermedad no se puede resolver solo mediante la responsabilidad individual. La salud de los ciudadanos es responsabilidad del Estado. En consecuencia, el gobierno debe intervenir para proteger la salud y el bienestar públicos. Las intervenciones reducen los contagios, las hospitalizaciones y los fallecimientos. Además permiten ganar tiempo para poner en marcha medidas adicionales de salud pública. Por otra parte, la lección del primer confinamiento es que el mejor momento para una intervención preventiva es siempre ayer.

Pronto, la epidemia de infección aguda dio paso a una epidemia en forma de enfermedad crónica, conocida como «covid-19 larga». Aún es demasiado pronto para saber cuáles serán las consecuencias a largo plazo de la covid-19. Las respuestas solo las darán los estudios que se lleven a cabo durante los próximos años y décadas. De todos modos, lo que sí sabemos es que el SARS-CoV-2 provoca una gran variedad de síntomas y síndromes en una amplia proporción de los contagiados durante un período que oscila entre tres y seis meses tras haberse recuperado de la covid-19 –quizás hasta en tres cuartas partes de los pacientes. Los síntomas más comunes son fatiga, debilidad muscular y dificultades para dormir. Casi la mitad de los infectados siguen teniendo problemas con el olfato. Una cuarta parte sufren ansiedad y depresión. Por lo general, como la covid-19 comienza como una neumonía, no es de extrañar que sea habitual un daño pulmonar duradero, sobre todo en aquellos que han padecido las formas más graves de la enfermedad. No obstante, también tenemos una lista larga de patologías notificadas, entre ellas dolor de cabeza, temblores, dificultades para caminar y déficits cognitivos. En una tercera parte de los recuperados había empeorado su calidad de vida. Y uno de cada diez sufría trastorno por estrés postraumático. Un dato importante es que las afecciones posteriores a la covid-19 eran más comunes entre las mujeres.

Hasta la fecha, los datos que tenemos parecen indicar que la covid larga no es una única dolencia. La proteína S de la superficie del coronavirus se une a un receptor de la superficie de las células humanas denominado ACE2 (receptor 2 de la enzima convertidora de angiotensina). Este receptor se encuentra en los pulmones, el corazón, el tracto digestivo, los riñones, los vasos sanguíneos y el sistema nervioso. Con tal variedad de órganos susceptibles de ser atacados por el virus, es lógico que también sean variadas las manifestaciones a corto y largo plazo de las enfermedades asociadas al SARS-CoV-2. Por lo visto, bajo el paraguas diagnóstico de la covid larga coexisten cuatro grupos distintos de síntomas. Primero, la niebla cerebral, una especie de interrupción del pensamiento normal; segundo, dificultades respiratorias, vinculadas al daño pulmonar prolongado; tercero, anomalías del ritmo cardíaco, provocadas por los efectos directos del virus en el corazón; y cuarto, la presión sanguínea elevada, seguramente debida a que el virus también ataca los vasos sanguíneos. La lección de la covid larga es que no debemos subestimar este coronavirus. La introducción de una vacuna impedirá que la covid larga aumente de magnitud. Sin embargo, dado que ya están confirmados 65 millones de casos de covid-19, son muchas las posibilidades de sufrimiento presente y futuro.

Una característica de la covid-19 es el empinado gradiente de edad entre quienes desarrollan la versión grave de la enfermedad. Aproximadamente la mitad de los que mueren de covid-19 tienen más de ochenta años; y una tercera parte, entre sesenta y setenta y nueve. Por tanto, alrededor del 90 por ciento de los fallecimientos se cuentan entre quienes superan los sesenta años; el ocho por ciento tienen una edad que oscila entre los cuarenta y los cincuenta y nueve, mientras que menos del uno por ciento de los muertos están por debajo de los cuarenta. El hecho de que la covid-19 no sea una enfermedad propia de personas jóvenes significa que los efectos de la pandemia en los jóvenes y los niños se han pasado por alto en buena medida.

No obstante, los niños han sufrido (y están sufriendo) daños considerables en su salud a causa de la covid-19. Estos perjuicios pueden muy bien provocar efectos negativos duraderos en toda una generación: aumento de los niveles de pobreza, interrupción de programas de vacunación que se traduce en la reaparición de enfermedades evitables mediante vacunas (como el sarampión), mayor mortalidad infantil y de recién nacidos debido a que los servicios sanitarios están sumidos en el caos, empeoramiento de la salud mental (incluyendo un aumento de los suicidios), índices superiores de matrimonios juveniles, y violencia doméstica bajo el confinamiento. Cuando las familias caen en la pobreza, existe un riesgo especial de que las niñas abandonen la escuela.

Los niños sí se contagian de este coronavirus. Algunos desarrollan síntomas como fiebre, tos seca o incluso neumonía. No obstante, por suerte la mayoría desarrollan la covid-19 solo en grado leve o moderado. Muchos de ellos, quizá una tercera parte, no exhiben ningún síntoma (un hecho peligroso para quienes intentan reducir los contagios adquiridos en el ámbito comunitario). La covid-19 es muy transmisible, parecida en esto a la gripe, si bien en los niños suele manifestarse de forma asintomática. Los niños que efectivamente se contagian son pequeños, con una edad promedio de cinco años, y de ellos un porcentaje bajo pasará a desarrollar una forma más grave de covid-19 que requerirá ingreso en cuidados intensivos y ventilación prolongada. Los resultados fatales son muy infrecuentes. Por tanto, lo bueno para los niños es que al parecer el coronavirus origina una respuesta inmunitaria mucho más leve con menos deterioro del sistema de defensa. El SARS-CoV-2 es mucho más compasivo con los niños que con los adultos. Los motivos siguen sin estar del todo claros.

Durante el confinamiento inicial, más de mil millones de niños –más del 90 por ciento de la población estudiantil del mundo– dejaron de ir a la escuela. Muy probablemente este abandono de los centros educativos durante dos meses o más ha tenido en los chicos más efectos adversos que los que hubieran sufrido a causa del propio virus. También redujo la presencia de padres y cuidadores en el mercado de trabajo, lo cual tuvo consecuencias graves debido a la escasez de personal en servicios esenciales, como la asistencia sanitaria. No obstante, a medida que se reunían datos quedaba más claro que las escuelas no eran los focos de covid-19 que en otro tiempo se había creído. Según diversos estudios, los casos de covid-19 en los centros educativos eran muy pocos. Con la evolución de la pandemia, cada vez más datos indican que el cierre escolar ha sido una reacción exagerada innecesaria, bien que comprensible, que habrá agravado las desigualdades y perjudicado a los niños y jóvenes más pobres de la sociedad. Una encuesta llevada a cabo por la revista *Science* durante la pandemia en diversas escuelas reveló que la mayoría de los centros escolares de la India, Indonesia y México permanecieron cerrados. «Las desigualdades de una escuela a otra son injustificables y desgarradoras», decía un director. Las escuelas que siguieron funcionando durante la primera ola no contribuyeron de forma significativa a la propagación de los contagios. Aquí la conclusión es que, siempre y cuando se pongan en práctica otras medidas (más higiene, distancia física, ventilación, uso adecuado de las mascarillas, pruebas diagnósticas), las escuelas pueden permanecer abiertas de forma segura por el bien educativo, social y económico de la comunidad mientras nos acostumbramos a convivir con la covid-19. La decisión de mantener las escuelas abiertas no es una cuestión científica, sino una necesidad política y moral.

La historia de las universidades es más complicada, pues ahí la pandemia sí ha golpeado con fuerza. En el Reino Unido, por ejemplo, en 2020 fueron despedidos más de 3.000 miembros del personal. Además de la crisis educativa, las universidades afrontan una crisis económica. Cuando en septiembre de 2020 los estudiantes regresaron a los campus, aumentaron los contagios. De ello no resultó una crisis sanitaria porque los jóvenes no son susceptibles de sufrir la enfermedad en su forma grave. De todos modos, esos estudiantes quizá todavía sean un peligro, tal vez no para ellos mismos, pero sí para sus vecinos. Se ha demostrado que, en las comunidades universitarias, los índices de mortalidad han sido mayores que en otras partes. Por otro lado, la huella genética indica que esas muertes están relacionadas con brotes en universidades. Algunos sanitarios han criticado a los estudiantes por no respetar rigurosamente las normas de autoaislamiento en caso de estar contagiados. Sin embargo, sería injusto censurarlos de forma expresa. La verdad es que, al cabo de un año de convulsión, muchos de nosotros seguramente hemos relajado nuestras pautas de conducta. Probablemente hayamos redefinido los límites impuestos. Y quizá, frente a tanta fatiga y frustración, creamos justificadas nuestras decisiones. Los estudiantes y las universidades constituyen un microcosmos del resto de la sociedad.

No obstante, estos mensajes reconfortantes se vieron neutralizados por el descubrimiento de una sorprendente nueva enfermedad, de evolución rápida, grave y rara, en una pequeña proporción de niños contagiados del SARS-CoV-2. Mientras la pandemia se extendía por Italia, algunos pediatras advirtieron que los niños con covid-19 desarrollaban una afección parecida a la enfermedad de Kawasaki: una inflamación aguda y normalmente autolimitada de los vasos sanguíneos (vasculitis), sobre todo las arterias coronarias, que afecta casi exclusivamente a bebés y niños anteriormente sanos. Se desconoce la causa de la enfermedad de Kawasaki, descrita por primera vez por Tomisaki Kawasaki en Tokio en 1961, pero se cree que está relacionada con un agente infeccioso. Los pediatras italianos observaron que, durante la primera ola de la pandemia, la incidencia de esa afección se multiplicó por treinta. Los niños tenían fiebre, *shock*, dolor abdominal, vómitos y diarrea. También mostraban una mayor incidencia de formas graves de la enfermedad que afectaban especialmente al corazón. En Italia, los afectados eran más mayores y solían exhibir lesiones en los pulmones y el tracto digestivo. Un pequeño número de ellos fallecía. En otros países se empezó a detectar el mismo patrón de síntomas inflamatorios multisistema en niños, síntomas lo bastante graves para requerir el ingreso en cuidados intensivos y ventilación. En la actualidad, se piensa que esta enfermedad análoga a la de Kawasaki es distinta a la originariamente descrita por el pediatra japonés. Los niños con manifestaciones similares tienen más edad y una respuesta inflamatoria más fuerte. Como consecuencia de ello, parece que la covid-19 ha provocado una enfermedad nueva entre la población infantil: síndrome multisistema inflamatorio pediátrico temporalmente asociado al SARS-CoV-2, o PIMS-TS (por sus siglas en inglés).

Con respecto al riesgo de contraer la enfermedad, los niños han resultado desmesuradamente afectados por la pandemia de la covid-19, sobre todo por los confinamientos. Puede que el impacto en la educación en 2020 afecte a una generación entera. La covid-19 amenaza con invalidar veinticinco años de avances en la salud infantil.

1
Desde Wuhan al mundo

Mientras la especie humana lucha contra sí misma, disputándose un territorio cada vez más atestado y unos recursos más escasos, la ventaja se traslada al campo de los microbios. Estos son nuestros depredadores y se harán con la victoria si nosotros, el Homo sapiens, *no aprendemos a vivir en un pueblo global racional que a los microbios les ofrezca pocas posibilidades. O bien eso, o bien nos vamos preparando para la próxima peste.*

LAURIE GARRETT, *The Coming Plague* (1994)

Pasó algo. Los detalles concretos siguen siendo inciertos y quizá nunca se conozcan del todo. De todos modos, hay algo de lo que, hasta la fecha, podemos estar bastante seguros.

El 30 de diciembre de 2019, se tomaron muestras de los pulmones de un paciente con una neumonía extraña. Había sido ingresado en el Hospital Jin Yin-tan de Wuhan, provincia de Hubei, China. Un test denominado «reacción en cadena de la polimerasa con transcriptasa inversa» (RT-PCR, por sus siglas en inglés) en tiempo real confirmó la presencia de un nuevo tipo de coronavirus.

Los coronavirus son frecuentes en ciertos animales, como los murciélagos, los gatos o los camellos. Existen centenares de diferentes clases de coronavirus, de las cuales se sabía que seis infectaban a los seres humanos: infecciones que llegan a los seres humanos procedentes de sus animales huéspedes. Son responsables de aproximadamente el 10-15 por ciento de los casos del resfriado común.

Cuatro coronavirus humanos provocan síntomas entre leves y moderados: NL63 (identificado en los Países Bajos en 2004), HKU1 (descubierto en Hong Kong en 2005) y OC43 y 229E (ambos causas importantes del resfriado común). Sin embargo, hay dos que suponen amenazas mucho más graves para la salud humana: el Síndrome Respiratorio Agudo Grave (SARS-CoV-1, por sus siglas en inglés) y el Síndrome Respiratorio de Oriente Medio (MERS-CoV, por sus siglas en inglés). El virus descubierto en Wuhan, ¿podía ser un séptimo tipo de coronavirus también muy peligroso?

Los científicos chinos secuenciaron enseguida el código genético del virus nuevo. Varias comparaciones con genomas virales existentes pusieron de manifiesto que estaba muy relacionado con una cepa similar al SARS de un murciélago. Cuando la noticia llegó a Pekín, estas cuatro letras –S A R S– provocaron entre los funcionarios chinos no un pequeño ataque de pánico sino verdadero miedo. Un brote del SARS en 2002-2003 había infectado a 8.096 personas y causado 774 muertes en 37 países (un índice de mortalidad preocupante del 10 por ciento). La mala gestión política de la pandemia había suscitado amplias críticas internacionales a los dirigentes chinos. No se podía permitir que se repitiera una humillación nacional como esa.

La respuesta inicial al descubrimiento de ese virus parecido al SARS, que a la larga se denominó SARS-CoV-2, fue de ansiedad paralizante. Li Wenliang estaba trabajando como oftalmólogo en Wuhan. El 30 de diciembre, mediante su cuenta de WeChat, alertó en privado a amigos y colegas médicos sobre la existencia del nuevo virus SARS. Cuando sus mensajes *online* se filtraron y llegaron a la policía municipal de Wuhan, fue detenido, interrogado y reprendido por «difusión de rumores». Li fue obligado a firmar una declaración en virtud de la cual dejaría de propagar esos supuestos infundios. En China, a los funcionarios del Partido Comunista local les gusta mantener un perfil bajo ante Pekín. Después de Tiananmén, su principal obligación es garantizar la estabilidad y el orden público. A su juicio, Li Wenliang debía ser silenciado.

Entretanto, el 31 de diciembre, la autoridad municipal de Wuhan emitió una alerta sanitaria. Varios médicos de Wuhan habían observado que algunos pacientes ingresados en el hospital con esta nueva enfermedad de tipo vírico tenían algo en común: todos habían visitado el mercado mayorista de Huanan, en el que además se vendían animales vivos. Al final, el origen del brote original del SARS en 2002-2003 se localizó en la civeta –un mamífero de tipo felino parecido al hurón– que a su vez había sido infectada por murciélagos. ¿Era la misma secuencia de acontecimientos que ahora se repetía? ¿El nuevo virus parecido al SARS había vuelto a saltar de los animales a los seres humanos? (Esta clase de transferencia entre especies recibe el nombre de «infección zoonótica».) Parecía probable. El mercado fue clausurado el 1 de enero.

El gobierno chino había aprendido las lecciones de 2002-2003. En cuanto los funcionarios de Pekín recibieron el informe de Wuhan, publicaron la noticia del brote en la página web de la Comisión Municipal de Salud de Wuhan. La Oficina de la OMS en Pekín descubrió este comunicado de prensa, lo tradujo y avisó a su Oficina Regional para el Pacífico Occidental, con sede en Manila. La OMS también captó un informe periodístico de una organización llamada ProMED acerca de ese mismo grupo de casos de Wuhan. El 1 de enero, la OMS creó un Equipo de Apoyo a la Gestión de Incidentes para investigar el brote y solicitó al gobierno chino más información al respecto. El 2 de enero, la OMS empezó a difundir datos sobre el asunto e informó a los miembros de la Red Global de Alerta y Respuesta a Brotes sobre la nueva amenaza infecciosa. El 3 de enero ya se habían notificado cuarenta y cuatro casos de la nueva enfermedad. Lo preocupante era que esos pacientes no tenían un resfriado común. Once de ellos sufrían una neumonía muy grave. A partir de ahí los funcionarios chinos comenzaron a colaborar con la OMS en esa «neumonía viral de origen desconocido».

Al día siguiente, la OMS alertó al mundo sobre ese brote por medio de Twitter: «China ha informado a la OMS de un conjunto de casos de neumonía –sin fallecimientos– en Wuhan, provincia de Hubei. Se han puesto en marcha investigaciones para identificar la causa de esta afección». El 5 de enero, el organismo emitió una notificación oficial más formal acerca del brote, y el 10 de enero publicó una guía técnica sobre cómo detectar, evaluar y gestionar los casos nuevos de la enfermedad.

Veinte años después del primer estallido del SARS, la ciencia china estaba mucho mejor preparada. Los científicos del país enseguida aislaron el virus y secuenciaron su genoma, que hicieron público el 12 de enero.

Al día siguiente se notificó el primer caso de contagio fuera de China: según una declaración de la OMS, era un viajero procedente de Wuhan que había llegado a Tailandia y había sido hospitalizado el 8 de enero. Se subrayaba también que «no se descartaba la posibilidad de que se identificaran casos en otros países, y se reafirmaban los llamamientos de la OMS a que los países se preparasen y realizaran una supervisión activa continuada».

El doctor Tedros Adhanom Ghebreyesus, director general de la OMS, se dio cuenta entonces de que tenía en sus manos todos los ingredientes de una crisis sanitaria. Su predecesora, la doctora Margaret Chan, había sido criticada por su lentitud en la respuesta al brote del virus del Ébola en África Occidental, iniciado en diciembre de 2013, que provocó más de 11.000 muertes certificadas. Como China con el SARS, la OMS no podía permitirse un nuevo fracaso. La organización hizo público que el doctor Tedros «consultará a los miembros del Comité de Emergencias y podría convocar una reunión del comité en breve plazo».

Se trataba del Comité de Emergencias del Reglamento Sanitario Internacional (RSI). El RSI son un conjunto de normas jurídicamente vinculantes creadas «para prevenir, proteger, controlar y dar una respuesta en materia de salud pública a la propagación internacional de una enfermedad». Si una enfermedad hace peligrar la situación sanitaria mundial, el comité puede recomendar, y el director general de la OMS puede emitir, una Emergencia de Salud Pública de Importancia Internacional (ESPII).

La declaración de una ESPII es, como se dice en el RSI, «un suceso extraordinario», seguramente el poder más extraordinario que tiene el director general de la OMS. Aunque debe consultar al país sobre la amenaza de una enfermedad, puede tener en cuenta o no sus opiniones o deseos. Corresponde solo al director general la decisión de si hay suficientes pruebas para emitir una ESPII. Se trata de un poder de gran calibre.

La primera vez que se informó del Ébola fue en Guinea, en diciembre de 2013, antes de que se extendiera a Liberia y Sierra Leona. La tasa de letalidad era del 40 por ciento. Se identificaron individuos con el virus del Ébola en Malí y Nigeria. La infección llegó también a los EE.UU., el Reino Unido, Italia y España. La doctora Chan declaró una ESPII el 8 de agosto de 2014, ocho meses después de que se notificasen los primeros casos. La necesidad de evitar un retraso similar seguramente influyó mucho en el doctor Tedros, que sobre lo que estaba pasando en Wuhan debía evaluar las pruebas existentes con cuidado pero también con rapidez.

Para declarar una ESPII han de satisfacerse dos requisitos. Primero, la enfermedad ha de suponer un peligro de salud pública para otros países debido a su propagación a escala planetaria. Segundo, para controlar la enfermedad hace falta una respuesta internacional coordinada.

En la primera reunión del Comité de Emergencias, el 22-23 de enero de 2020, sus miembros estaban empatados en cuanto a si recomendar o no una ESPII. Muchos observadores bien informados no salían de su asombro. Cuando surge la amenaza de una enfermedad infecciosa nueva, existe la idea compartida, aprendida de errores pasados, de que a la hora de declarar una alerta roja global hay que partir de un umbral muy bajo. Sin embargo, el doctor Tedros hizo una pausa. Sin el respaldo del Comité de Emergencias no estaba dispuesto a actuar solo. Necesitaba más datos… y tiempo.

Su inquietud se agravó cuando, el 24 de enero, un equipo de científicos de Hong Kong publicó en *The Lancet* unos hallazgos según los cuales el nuevo coronavirus se podía transmitir entre personas. Viendo la amenaza, compararon directamente el nuevo brote con la epidemia del SARS de 2002-2003 e hicieron varias recomendaciones importantes:

> Por lo que aprendimos del brote del SARS, que comenzó con una transmisión de animal a ser humano durante la primera fase de la epidemia, para terminar con este portal de transmisión hay que regular de manera óptima todo comercio de carne de caza. Pero […] sigue siendo crucial aislar a los pacientes y rastrear y poner en cuarentena a los contactos lo antes posible porque parece posible la infección sintomática […] educar a la gente con respecto a la alimentación y la higiene personal, y alertar al personal sanitario sobre el cumplimiento del control de los contagios.[1]

Mientras los científicos estaban diseccionando la genética y la biología del virus, los médicos lidiaban con la enfermedad, que no era una simple neumonía. Aunque muchos pacientes mostraban síntomas leves y se recuperaban enseguida, un amplio subgrupo (en torno al 20 por ciento) desarrollaban una forma mucho más grave de la dolencia. Las manifestaciones más habituales eran fiebre, tos, dolor muscular y fatiga. Pero en el caso de los hombres de edad avanzada con patologías previas, como diabetes, hipertensión, obesidad o problemas cardíacos, era más probable que acabaran muy graves… y fallecieran.

Por lo general, el inicio de la enfermedad grave iba precedido de dificultades para respirar aproximadamente una semana después de los síntomas iniciales. Luego sobrevenía una evolución rápida hasta un síndrome de dificultad respiratoria aguda, que requería ventilación mecánica o ingreso en una unidad de cuidados intensivos (UCI). Y acto seguido se producía una explosión patológica. En el cuerpo se desencadenaba una tormenta de sustancias químicas denominadas «citoquinas». Los enfermos sufrían fallos multiorgánicos: lesiones agudas en el corazón, los riñones y el hígado; coágulos en vasos sanguíneos pequeños, e infecciones secundarias. Lo único que podían hacer los médicos era ventilar mecánicamente, atender a los pacientes en las UCI lo mejor que pudieran y esperar que estos se recuperaran. La mitad de los ingresados en la UCI no lo lograban.

La primera descripción clínica de la enfermedad, que más adelante se denominaría covid-19, también se publicó el 24 de enero.[2] Los autores del informe estaban sin duda alarmados por lo que estaban viendo. Describían una «neumonía grave, a veces fatal» que «requería ingreso en UCI». Informaban de que «el número de fallecimientos está aumentando con gran rapidez» y señalaban que «se recomendaban encarecidamente precauciones contra la transmisión vía aérea, como la mascarilla N95 con prueba de ajuste y otros equipos de protección personal». Hacían hincapié en el hecho de que la covid-19 tenía «cierto parecido con las infecciones del SARS-CoV y el MERS-CoV». Resaltaban que no existía ningún tratamiento. Y subrayaban «el potencial pandémico» del nuevo coronavirus. En este simple papel se explicaba la historia de los doce meses siguientes.

El 28 de enero el doctor Tedros visitó China y se reunió con el presidente Xi Jinping. Estaba empezando a comprender la enorme gravedad del brote, por lo que el 30 de enero volvió a reunir al Comité de Emergencias del RSI. Esta vez no hubo división. El comité recomendó actuar. Ese mismo día, el doctor Tedros declaró una ESPII. En palabras de la propia OMS, una ESPII «identifica una situación que es grave, infrecuente o inesperada; conlleva consecuencias para la salud pública más allá de las fronteras nacionales del país afectado; y quizá exija una intervención internacional inmediata».

Para emitir la máxima categoría de alerta internacional habían hecho falta treinta días, no ocho meses. El mundo estaba avisado. Y estábamos solo en enero.

El 31 de enero, Gabriel Leung y un equipo de científicos de la Universidad de Hong Kong recalcaron el «potencial pandémico» del

SARS-CoV-2. Ellos también entendieron el peligro al que el mundo se enfrentaba. Como capital de la provincia de Hubei, Wuhan es un nodo de transporte nacional e internacional. Los aviones que salen de Wuhan llevan pasajeros a Bangkok, Hong Kong, Seúl, Singapur, Tokio, Taipéi, Kuala Lumpur, Sídney, Melbourne y Londres. No era de extrañar que el primer caso notificado de infección fuera de China fuera en Tailandia. Leung y su equipo calcularon que la propagación del SARS-CoV-2 entre seres humanos ya estaba teniendo lugar en numerosas ciudades chinas. Pero había algo peor: avisaban de que, «con la trayectoria actual, si no se mitiga, [el SARS-CoV-2] podría estar a punto de convertirse en una epidemia global». Sugerían que, «para tener éxito [y evitar una pandemia], hay que plantearse de forma seria e inmediata la adopción de medidas sustanciales, incluso draconianas, que limiten la movilidad de la población en las zonas afectadas, así como estrategias para reducir drásticamente los índices de contacto entre la población mediante la suspensión de reuniones masivas, cierre de escuelas, planes para el teletrabajo...».

Instaban a la clausura de los mercados de animales vivos y a la aceleración del desarrollo de vacunas. Y exhortaban a que «estuvieran listos planes para su despliegue a la mayor brevedad, incluyendo asegurar las cadenas de suministros de productos farmacéuticos y proveer de equipos de protección personal y de material hospitalario amén de los recursos humanos necesarios para afrontar las consecuencias de un brote global de esta magnitud».[3] Los gobiernos estaban advertidos.

Como sostiene Adam Kucharski en *Las reglas del contagio*, «si has visto una pandemia, has visto... *una* pandemia».[4] Su idea es que cada pandemia tiene características propias, por lo que es muy difícil hacer generalizaciones. De todos modos, en las infecciones hay varios aspectos clave que sí influyen claramente en su tendencia a propagarse.

Una medida primordial del potencial pandémico es el número básico de reproducción, o R_0. Esta cifra representa el número previsto de contagios provocados por un caso primario en una población susceptible. Si el R_0 es dos, entonces un caso se convertirá en dos, dos llegarán a ser cuatro, cuatro serán ocho, y así sucesivamente. Si $R_0 < 1$, con el tiempo la epidemia desaparecerá.

El brote del SARS-CoV-2 de Wuhan comenzó con un R_0 de alrededor de 2,5,[5] es decir, mostraba un alto potencial de propagación epidémica. Y en efecto se propagó: mediante contacto directo con personas contagiadas, por ejemplo al inhalar gotículas de la nariz o la boca de personas con la infección, o al tocar objetos o superficies en las que el virus hubiera podido posarse. En un informe del Centro Chino de Control y Prevención de Enfermedades donde se describía la trayectoria inicial de la epidemia, los científicos chinos remarcaban que «este coronavirus nuevo es muy contagioso». Lo expresaban así:

Se ha difundido de forma rapidísima desde una sola ciudad al país entero en cuestión de apenas unos 30 días. Además, ha provocado efectos de gran alcance pese a medidas de respuesta extrema, entre ellas el cierre y el aislamiento total de ciudades enteras, la suspensión de las celebraciones del Año Nuevo chino, la prohibición de asistir a la escuela o al trabajo, la movilización masiva de personal sanitario y de salud pública así como de unidades militares, y la rápida construcción de hospitales completos.[6]

El 23 de enero, las autoridades chinas cerraron Wuhan, para lo cual cortaron todas sus vías de transporte. Poco después, la cuarentena masiva se amplió a un total de 36 millones de personas de otras trece ciudades. A esas alturas, por desgracia, ya era demasiado tarde. Después de Tailandia, se notificaron casos procedentes de Wuhan en Japón, Corea del Sur, los EE.UU., Canadá, Nepal, Hong Kong, Singapur, Malasia y Taiwán. El virus seguía las rutas de transporte aéreo y ferroviario que partían de Wuhan.

Los primeros casos europeos llegaron a Francia el 24 de enero, y a Alemania el 27; en el Reino Unido, los primeros contagiados se detectaron el 31. La primera muerte fuera de China se produjo en Filipinas el 2 de febrero. El 3 del mismo mes, el crucero Diamond Princess fue puesto en cuarentena frente a Yokohama, Japón. Se había encendido un fuego viral que se propagaba sin control por el mundo.

Italia padeció la primera catástrofe humanitaria fuera de China. El 9 de marzo el país inició un cierre a escala nacional. Fue puesta en cuarentena toda la región de la Lombardía (16 millones de personas). Si salías de casa, debías llevar encima un certificado que justificara las razones de tu desplazamiento. Los que violaban el confinamiento podían recibir multas que oscilaban entre 450 y 3.500 euros.

España también sufrió una epidemia de lo más traumática. El país inició un confinamiento el 14 de marzo. Francia (toda) y Alemania (en parte) impusieron confinamientos poco después: el 17 y el 22 de marzo, respectivamente. El Reino Unido fue más lento que algunos de sus vecinos europeos, pero al final, el 24 de marzo, desconectó la economía. No había un día que perder, pues la epidemia se duplicaba en cada período comprendido entre cuarenta y ocho y setenta y dos horas. Los británicos ya sabían lo que les venía. Habían empezado a modificar su conducta mucho antes de que el confinamiento fuera una decisión oficial del gobierno. A pesar de que a principios de marzo los científicos habían avisado de la amenaza que se cernía sobre el país, los políticos del Reino Unido iban por detrás de la curva. El 27 de marzo, el primer ministro Boris Johnson anunció que él también había contraído la enfermedad.

La respuesta de los EE.UU. fue, como era de prever, imprevisible. El primer caso importado se notificó en el estado de Washington el 21 de enero. Al principio, el presidente Trump llamaba al SARS-CoV-2 «el nuevo engaño». El 30 de enero decía que la epidemia estaba «prácticamente controlada». El 2 de febrero, su administración estaba «prácticamente cerrada». El 27 de febrero, «esto desaparecerá». El 4 de marzo, Trump afirmaba que «en los EE.UU. las cifras eran muy bajas». El 10 de marzo, «las cosas van realmente bien». El 12 de marzo: «Va a esfumarse». Pero el 17 de marzo el presidente Trump se vio obligado a admitirlo: «Esto es una pandemia».

De hecho, la OMS había declarado la covid-19 como pandemia el 11 de marzo. El doctor Tedros, a estas alturas claramente inquieto por la creciente emergencia global, pidió a los países «que tomaran medidas urgentes y enérgicas». «No podemos decirlo de forma más clara, alta e insistente», prosiguió; «todos los países son todavía capaces de cambiar el curso de esta pandemia» si «detectan, hacen pruebas, tratan, aíslan, rastrean e incorporan a sus ciudadanos a la respuesta». Subrayaba también que «para muchos países que actualmente están haciendo frente a grandes grupos de transmisión comunitaria, el problema no es si pueden hacer lo propio, sino si lo harán».

No se salvaba nadie. La OMS informó de que estaban afectados 213 países, áreas o territorios, desde la India a Indonesia, desde Turquía a Argelia, desde Brasil a Ecuador. Como ningún país examinaba a la totalidad de su población, era imposible conocer el número exacto de contagios que tenían lugar en todo el mundo. Los fallecimientos son una medida más fiable, pues en muchos países existen métodos convencionales de certificación de defunciones que se pueden reunir en una estadística nacional de mortalidad. No obstante, incluso usando las muertes como medida, cabría dudar y ser cautos respecto a la precisión de ciertos datos, como los de Rusia, Irán o incluso China.

En abril, China revisó sus cifras al alza en un 50 por ciento, lo que añadía 1.290 fallecimientos al total notificado de Wuhan. Pero aun así el número total de muertes declaradas probablemente se quede corto. Cuando se tuvieron en cuenta las cambiantes definiciones que utilizó el país a medida que evolucionaba la epidemia, un estudio elevó el número total de casos hasta los 232.000.

En el momento de escribir esto (1 de enero de 2021) el número de casos confirmados de SARS-CoV-2 era de 81.947.503. La cifra total de fallecimientos notificados era 1.808.041. Según la OMS, los diez países con más muertos eran:

EE.UU.	335.789	Italia	73.512
Brasil	193.875	Francia	64.254
India	148.994	Irán	57.555
México	124.897	España	55.223
Reino Unido	74.159	Rusia	50.442

La distribución global de la infección ha sido muy dispar. Desde el 1 de enero de 2021, los norteamericanos habían registrado 35.511.445 casos de SARS-CoV-2. Europa seguía de cerca con 26.490.355. Luego venía el sudeste asiático (11.993.294 casos), el mundo árabe (4.934.617) y África (1.919.903). La parte del mundo donde comenzó la pandemia –la región occidental del Pacífico– ha tenido hasta la fecha el menor número de fallecidos, 1.097.144, un hecho no carente de cierta ironía trágica.

Al principio, en la mayoría de las democracias occidentales, la respuesta de salud pública a este virus tan contagioso –las denominadas intervenciones no farmacológicas– fue reticente, e incluso entonces se dieron solo pasos graduales muy tímidos. Primero fue el consejo de lavarse las manos de forma regular y apropiada (cantando «Cumpleaños feliz» dos veces), mejorar la etiqueta de la tos, no tocarse la cara y usar pañuelos de papel de tirar. A continuación vino la recomendación de guardar la distancia física y reducir las relaciones sociales a un mínimo: no había que darse la mano, abrazarse ni besar a personas ajenas a la familia. Por último, el confinamiento, es decir, el cierre casi total de sociedades enteras.

Los cursos escolares se interrumpieron de golpe. Las universidades enviaron a los alumnos a casa. Los teatros suspendieron sus funciones. Los museos cerraron las puertas. No se libraron ni siquiera las iglesias ni las bibliotecas municipales. Se prohibieron las bodas, los bautizos y los acontecimientos deportivos. Los negocios minoristas que pudieron permanecer abiertos fueron, por ejemplo en el Reino Unido, las farmacias, las tiendas de alimentación, las ferreterías, los supermercados, las gasolineras, las tiendas de bicicletas, las lavanderías, los garajes, los negocios de alquiler de coches, las tiendas de mascotas, los quioscos, las oficinas de correos y los bancos. Podías salir a la calle solo si eras un trabajador esencial (en los ámbitos de la salud y los servicios sociales, la educación y el cuidado de niños, la alimentación y los bienes necesarios, el gobierno local y nacional, las empresas de servicios públicos, la seguridad nacional y la protección pública, y el transporte), ibas al médico, a visitar a una persona vulnerable o a donar sangre; y se podía hacer ejercicio al aire libre una vez al día.

No obstante, aunque la decisión de imponer un confinamiento total fue difícil, aún más difícil fue decidir cómo lograr que la sociedad volviera a algo parecido a un funcionamiento normal. En el Reino Unido, solo tres semanas después de iniciarse el confinamiento, el debate público ya se centraba en la estrategia de salida. De todos modos, sin una vacuna para otorgar inmunidad o la capacidad suficiente para hacer test, rastrear y aislar contactos, las perspectivas de una salida rápida no constituían más que una especulación mezclada con toques de fantasía y falsas ilusiones.

Los datos de Wuhan eran aleccionadores.[7] En torno al 90 por ciento de la fuerza laboral había estado encerrada. Suponiendo un R_0 superior a 2 y un regreso gradual al trabajo (el 25 por ciento de la gente que vuelve durante las dos primeras semanas tras el fin del confinamiento, luego el 50 por ciento durante las siguientes dos semanas, y finalmente el cien por cien), los epidemiólogos de la Escuela de Higiene y Medicina Tropical de Londres calcularon que sería seguro comenzar a suprimir las medidas de distancia física solo a principios de abril. Si se levantaba el confinamiento de forma total o prematura, estaba prácticamente garantizado el riesgo de que estallara una segunda ola de contagios.

Como en Wuhan el confinamiento empezó el 23 de enero, eso quiere decir que las medidas más extremas para cortar la transmisión del virus duraron al menos diez semanas. El 8 de abril, Wuhan comenzó a eliminar con prudencia sus restricciones sobre las relaciones sociales. No obstante, un gran número de escuelas, tiendas y cines permanecieron cerrados.

Gabriel Leung, que predijo con acierto que de los acontecimientos de Wuhan resultaría una pandemia global, estaba trabajando para definir cómo debería ser una estrategia de salida.[8] Él y su equipo de Hong Kong alertaron contra la idea de relajar las restricciones demasiado pronto. Si el R_0 volvía a subir por encima de 1, sería inevitable una segunda ola. Aconsejaba que se reanudara la actividad económica en escenarios de confinamiento conforme a lo que denominaba «limitación $R_0 < 1$». También recomendaba la supervisión continua de dos medidas críticas: la Tasa de Letalidad y el Rt (número básico de reproducción instantáneo), esto es, el valor R en un momento y un lugar determinados.

La Tasa de Letalidad es la proporción entre las muertes confirmadas por el laboratorio y los casos confirmados. Varía con arreglo a los niveles preexistentes de salud de una población y la disponibilidad de recursos sanitarios. Podría ser una buena medida de la capacidad del sistema de salud para tratar casos graves de infección.

El Rt sería un indicador sensible para determinar si la epidemia está resurgiendo. El control del Rt en tiempo real depende de la puesta en marcha de pruebas comunitarias para la detección precoz de la infección, con el rastreo posterior de contactos si se descubre que alguien tiene el virus, y luego la cuarentena para impedir más transmisiones. También podría ser efectiva la supervisión digital de los grados de interacción social.

Pero la verdad quizá es que la vida jamás volverá a la normalidad completa hasta que las vacunas estén desplegadas totalmente y se alcance la inmunidad de grupo, y a lo mejor ni siquiera entonces. Una vacuna no es una «solución milagrosa». No es probable que sea efectiva del todo, ni tampoco que sea aceptada por todos los ciudadanos. Es muy posible que nos acompañe siempre el riesgo de nuevos brotes debidos a casos importados. Tal vez la covid-19 suponga una frontera impermeable entre un momento de nuestra existencia y otro. Nunca se puede volver atrás.

Si la vida humana ha resultado tan afectada por este coronavirus, de forma tan aguda y súbita, parece pertinente preguntar cuáles pueden ser las consecuencias políticas, económicas, sociales y culturales. Es demasiado pronto para estar seguros, desde luego. No obstante, incluso mientras la pandemia estaba arrasando países, se emitieron algunas opiniones vehementes.

El 13 de abril, David Nabarro, enviado especial de la OMS para la covid-19, con cierto tono dramático anunció lo siguiente: «Este virus no va a desaparecer […] En efecto, tendremos que llevar mascarilla. Habrá más distancia física […] Es una revolución».

Sin lugar a dudas, el confinamiento ha cambiado nuestra manera de interaccionar unos con otros. Al ir por la calle, quizá cambiemos de acera si vemos que alguien se nos acerca de frente. Queremos mantener la separación de uno a dos metros. Para entrar en el supermercado guardamos cola en la calle, a veces hasta más de una hora. En cada tienda está limitado rigurosamente el número de clientes. Además, ahora estamos acostumbrados a ver a nuestros conciudadanos con mascarilla y guantes de goma. Si nos acercamos mucho o nos metemos de pronto en el pasillo del súper que no toca, quizá los demás se aparten de nosotros si nos cruzamos en su camino sin darnos cuenta. Como todo el mundo es potencialmente contagioso, todo el mundo es un peligro. Solo podemos confiar en la seguridad de nuestra casa, nuestro entorno más inmediato.

Estas conductas nuevas, ¿son solo ejemplos de cautela juiciosa en una época de peligro? ¿O representan una pérdida catastrófica de confianza social, una grieta en nuestra comunidad, una fragmentación de la solidaridad? ¿Es esa la revolución que hemos de esperar?

En la vida laboral se ha producido una revolución, desde luego. Para algunos de nosotros, los afortunados, los que no teníamos que ganarnos el sustento en la primera línea del riesgo, la casa –la mesa de la cocina, el sofá o incluso la cama– se ha convertido en la nueva oficina. Aunque trabajar en el domicilio pueda tener su qué, el grado de aislamiento en el que hemos vivido ha tenido importantes consecuencias para nuestra salud mental.

Samantha Brooks y sus colegas del Departamento de Medicina Psicológica del King's College de Londres, han revisado la bibliografía mundial sobre los impactos de la cuarentena; y sus hallazgos son alarmantes.[9] El aislamiento puede provocar estrés postraumático, confusión, miedo, ira, frustración y, como es lógico, aburrimiento. Algunos de estos efectos serán duraderos. Los investigadores han propuesto que los períodos de confinamiento sean lo más cortos posible. Al principio, el teletrabajo puede ser un placer muy bien recibido. Sin embargo, incluye también las semillas de un trauma mental ocasionalmente grave.

La democracia también ha cambiado. Se suspendió la actividad parlamentaria. Los políticos solían utilizar un lenguaje bélico («Estamos en guerra contra un asesino invisible»), con llamamientos a «la unidad de acción», evocaciones del «espíritu de Dunquerque» y «combates» contra el virus.

Las metáforas guerreras contienen mucha fuerza emocional. La gente las entiende con facilidad. Los términos bélicos transmiten una sensación de amenaza, urgencia y riesgo. Dan a entender que hay una batalla contra un enemigo malvado. Hay mucho en juego. Habrá que hacer sacrificios. Pero las metáforas bélicas tienen sus propios peligros. Pueden crear un ambiente en el que se rechace la discrepancia y las críticas al gobierno, que pueden llegar a ser tildadas de traición. Estas metáforas hacen hincapié en el tratamiento, no en la prevención. Si la estrategia consiste en afrontar la enfermedad en un campo de batalla, la salud mental de quienes se ven sorprendidos en mitad de la «zona de guerra» puede empeorar. Por otro lado, la idea de guerra conlleva la de victoria o derrota, ninguna de las cuales es el resultado probable frente a un virus que ha venido para quedarse.

China fue especial objeto de comentarios. Algunos colmaron de alabanzas la respuesta china al SARS-CoV-2. «Valoramos la seriedad con que China está tomándose este brote», dijo el doctor Tedros el 28 de enero. Acrecentando la controversia, ha seguido dando las gracias al país por «haber actuado a gran escala en el epicentro, en el origen del brote [...] y eso ayudó a evitar que se exportaran casos a otras provincias de China y al resto del mundo».

Sin embargo, otros se han mostrado menos satisfechos con la estrategia china. Tom Tugendhat, diputado británico conservador que preside el influyente Comité Parlamentario Selecto de Asuntos Exteriores, arremetió contra la respuesta de China ante el coronavirus. El 13 de abril, cuando Wuhan empezaba a abandonar el confinamiento mientras el Reino Unido alcanzaba el pico de fallecimientos, Tugendhat comentó que «China ha mentido adrede para preservar la fortaleza del Partido [Comunista] a costa de su pueblo».

El veredicto sobre los méritos de la respuesta china está pendiente de ser redactado. Hay preguntas lógicas a las que el gobierno chino debería responder. En la cronología del brote pandémico hay un vacío. Los primeros casos chinos conocidos se notificaron el 1 de diciembre de 2019. Pekín hizo público el brote el 31 de diciembre. ¿Qué pasó durante este período intermedio? ¿Qué sucedió realmente en Wuhan en diciembre? ¿Los funcionarios del Partido Comunista local eliminaron pruebas de un nuevo virus? ¿Tardaron en decírselo al gobierno nacional de Pekín? Además, ¿por qué el 11-12 de enero las autoridades chinas le dicen a la OMS que desde el día 3 de enero no se han detectado nuevos casos de covid-19? Esta afirmación era rotundamente falsa. ¿Estaba Pekín restando importancia al brote? ¿Aprovechó China esa época de turbulencia global para reforzar el control sobre territorios a los que siempre ha considerado dentro de su área de influencia? El 30 de junio, el Comité Permanente de la Asamblea Popular Nacional promulgó la Ley de Seguridad Nacional para Hong Kong, que tuvo un efecto pavoroso en el movimiento democrático del territorio autónomo. En diciembre, los activistas Joshua Wong, Agnes Chow e Ivan Lam fueron condenados a penas de prisión por su participación en las protestas de 2019. El gobierno chino rechaza todas las críticas.

El 2 de febrero recibí un *e-mail* titulado con el asunto: «Una súplica desesperada de una ciudadana china corriente». La autora se hacía llamar Moona. Esto es lo que escribió sobre la vida en China durante la época del coronavirus:

> En la actualidad, hay al menos cinco ciudades que han suspendido el sistema de transporte público; diez provincias y ciudades,

entre ellas Hubei y Pekín, que han cerrado el transporte de pasajeros por carretera; 16 provincias que han suspendido el transporte de pasajeros interprovincial; y numerosas ciudades de 28 provincias que han suspendido total o parcialmente el transporte público urbano. Ayer, Huanggang emitió un aviso en el que se ordenaba la cuarentena domiciliaria a todos los ciudadanos, permitiendo solo a un miembro designado de la familia salir a comprar lo esencial una vez cada dos días. Las noticias y las continuas actualizaciones incluyen mensajes de cualquier gobierno municipal según los cuales muchas ciudades han decretado la obligatoriedad de llevar mascarilla en público o en el transporte público. Sin embargo, las mascarillas se han agotado muy deprisa en muchas ciudades pequeñas (y también en internet), mientras los precios se han multiplicado por veinte. En resumen, si eres pobre, es más que probable que no consigas ninguna mascarilla –y por lo general son los pobres quienes no pueden permitirse dejar de trabajar.

Ayer, a las siete y media de la tarde, Hangzhou se convirtió en la primera ciudad china en decretar que las mascarillas serían gratuitas para sus ciudadanos en siete distritos urbanos a fin de aliviar un problema que ya clamaba al cielo, mediante un sistema de reserva *online* de cinco mascarillas para cada personas cada diez días. Ni siquiera Wuhan ha puesto en marcha una medida así para ayudar a sus ciudadanos. Así pues, el acceso a las mascarillas depende en gran parte de donaciones de las comunidades locales. La cuestión fundamental es que una gran proporción de la población china está sufriendo no solo a causa del virus, sino también debido al aislamiento resultante, la elevada incertidumbre, la ansiedad y el estrés, la mengua de recursos y de libertad en la vida cotidiana, y la pérdida de ingresos. El asunto de los ingresos habría que tenerlo realmente en cuenta. Considerando la débil protección social en China, junto con el cálculo aproximado de que, en los países en vías de desarrollo de Asia y el Pacífico, el 60 por ciento de la mano de obra está encuadrado en la economía sumergida, la ausencia de ayudas y prestaciones por desempleo hace que una crisis como esta de ahora haga a la gente muy vulnerable. Si esto pasara en cualquier otro país occidental, habría habido protestas en la calle; pero el hecho de que en China no haya protestas no significa que su gente sea gente inferior o que deba ser tratada peor. Si acaso, esto pone de manifiesto hasta qué punto la población ha sido reprimida política y culturalmente, y que en China la voz de los verdaderamente pobres acaba sofocada y olvidada. Y esto no está bien.

En una crisis como esta, me duele mucho ver (una vez más) que los ricos gozan de prioridad y consideración. Quienes no tienen realmente la capacidad ni los recursos para cuidar de sí mismos es inevitable que se queden rezagados. Como es lógico, las medidas adoptadas por el Estado son una combinación de política, economía, sociología y relaciones internacionales. Sin embargo, en medio de todo esto la igualdad ante la salud se queda al margen, incluso en lo relativo a las becas. Esto no puede ser. Las principales revistas de salud deberían reorientarse hacia un discurso más sensible y compasivo. *The Lancet*, por favor, haced algo, que alguien haga algo, por favor. En la práctica, al gobierno le preocupa su reputación internacional más que nada; si una voz internacional destacada exigiera que se investigara quizá… y esto es todo lo que los pobres y los oprimidos pueden esperar. Así que, por favor, ayúdennos. Ya sé que puede ser un esfuerzo en vano, pero espero sinceramente que no lo sea. Aquí está, pues, una súplica desesperada; espero de veras que mi mensaje llegue a tiempo.

El gobierno chino debe al mundo una explicación más detallada sobre lo que ocurrió en Wuhan. Me da igual cómo lo llamemos: investigación internacional, misión de verificación o comisión de la verdad y la reconciliación. No busco culpables. No quiero castigos. Solo quiero saber lo que pasó. Porque pasó algo. Hemos de saber con el fin de tener así más posibilidades de evitar que suceda de nuevo. Para responder a estas preguntas, la OMS ha creado un Panel Independiente de Preparación y Respuesta Pandémica, que está presidido por la antigua primera ministra de Nueva Zelanda, Helen Clark, y la antigua presidenta de Liberia, Ellen Johnson Sirleaf; su informe definitivo se hará público en 2021. En julio de 2020, *The Lancet* también creó una Comisión de la covid-19 dirigida por Jeff Sachs. Su Declaración Provisional llegó a la conclusión de que «el SARS-CoV-2 es un virus de origen natural, no el resultado de su génesis y puesta en circulación por parte de ningún laboratorio».[10] La comisión planea publicar otros dos informes en 2021. Queda por ver si las iniciativas de la OMS o *The Lancet* son capaces de descubrir toda la verdad sobre las causas de la pandemia y los episodios de aquellas primeras semanas.

En cualquier caso, con independencia de las dudas sobre las acciones del gobierno chino, también creo que hemos de decir esto: los científicos y sanitarios chinos merecen nuestra gratitud. Por conocimiento propio sé de la entrega de esos individuos que trabajaron sin descanso para conocer las características de esta pandemia. Y asumieron la tarea de colaborar con la OMS cuando estuvieron seguros de que había motivos para una alarma global. Por otro lado, en mis tratos con científicos y legisladores chinos, he observado por encima de todo una extraordinaria disposición a cooperar de forma franca e incondicional con el objetivo de controlar la enfermedad.

Pese a las incertidumbres –y hay muchas, pues estamos todavía, un año después, en la primera fase del conocimiento de esta enfermedad–, quizá sepamos lo suficiente para sacar dos conclusiones.

En primer lugar, se prestó mucha atención a los famosos que contrajeron el SARS-CoV-2, por ejemplo, Marianne Faithfull, Tom Hanks, Rita Wilson, Idris Elba, Sophie Trudeau, el príncipe Alberto de Mónaco, el príncipe Carlos de Inglaterra, Plácido Domingo, Jackson Browne, George Stephanopoulos, Bryan Cranston, Antonio Banderas, Brian Cox o Kanye West. Era fácil pensar que el virus era una amenaza para todos por igual. Pero eso dista de la verdad. La covid-19 afecta mayoritariamente a los más pobres, incapacitados y enfermos. La enfermedad contiene un pronunciado gradiente social. Afecta en especial a las comunidades étnicas minoritarias y negras. Los que están en la primera línea de los cuidados son particularmente vulnerables y suelen estar desprotegidos. La covid-19 aprovechó y empeoró las desigualdades sociales ya existentes.

En segundo lugar, antes de la covid-19 la idea de «trabajador esencial» seguramente era un concepto impreciso para la opinión pública. Ya no lo es. Igual que los «servicios de primera respuesta» tras el 11-S –bomberos, agentes de policía y personal médico de emergencias– se convirtieron en símbolos de valentía en un país víctima de un atentado terrorista, también los trabajadores esenciales han llegado a personificar el compromiso de aquellos sin los cuales la sociedad se habría realmente desmoronado.

Los trabajadores esenciales –desde los sanitarios al personal de los supermercados que garantizan la continua provisión de alimentos, pasando por los basureros o los empleados de los servicios públicos– llegaron a ser la columna vertebral resiliente y moral de la respuesta a escala mundial. Fueron estos trabajadores clave los que mantuvieron los países en funcionamiento mientras los demás languidecíamos en casa. Fueron estos trabajadores cruciales quienes salvaron la vida de los enfermos y protegieron la de los pobres y vulnerables. Fueron estos trabajadores esenciales, tan a menudo ignorados y menospreciados, los que, como hemos visto ahora, fueron y siguen siendo los verdaderos cimientos del orden público y la seguridad pública de nuestra sociedad. La verdad es que les debemos la vida.

2
¿Por qué no estábamos preparados?

Hemos de aceptar que el momento de un desastre
es inequívocamente aleatorio.

LUCY JONES, *The Big Ones* (2018)

«No estábamos bien preparados», escribía Ian Boyd en *Nature* en marzo de 2020.[1] Había sido uno de los principales asesores científicos del gobierno del Reino Unido desde 2012 a 2019, y recordaba haber participado en un «simulacro» de pandemia de gripe, en el que morían 200.000 personas. «Me quedé hecho polvo.» Tras este experimento, ¿aprendió el gobierno a identificar los puntos débiles clave de una respuesta nacional a una epidemia? Con cierta tristeza, Boyd señala: «Aprendimos lo que podía ser de ayuda, pero esas lecciones no siempre se llevaron a la práctica».

Boyd hacía referencia al Ejercicio Cygnus, una simulación de situaciones posibles en el caso de un brote pandémico de gripe que tuvo lugar en octubre de 2016. La pandemia de gripe ocupa el primer lugar en el Registro Nacional de Riesgos del gobierno del Reino Unido. Se considera que una pandemia es el riesgo de emergencia civil más grave en que puede encontrarse nuestra sociedad. Cabe decir lo mismo en la mayoría de las democracias occidentales. La conclusión de Cygnus fue un aviso escueto: la preparación del Reino Unido «no basta actualmente para afrontar las exigencias extremas de una epidemia grave».

A veces, los errores nacionales se diluían en ataques internacionales. En un singular discurso pronunciado en la Casa Blanca el 14 de abril, el presidente Donald Trump cursó instrucciones «para suspender la aportación económica a la Organización Mundial de la Salud mientras se llevaba a cabo un análisis para evaluar el papel de la OMS en la mala gestión y la ocultación de la propagación del coronavirus».

Se trataba de una denuncia asombrosa. Un presidente norteamericano acusaba a la OMS nada menos que de asesinato −«tantas muertes debidas a sus errores». Su ataque a la OMS fue escandaloso; vale la pena citarlo con detalle. El discurso acabará siendo un documento clave en la historia del antagonismo, las recriminaciones y las acusaciones que han caracterizado buena parte de esta pandemia.

Una de las decisiones más peligrosas y costosas de la OMS fue su desastrosa resolución de oponerse a las restricciones de viaje desde China a otros países [...] El ataque de la OMS a las restricciones para viajar puso la corrección política por encima de las medidas para salvar vidas [...] La realidad es que la OMS no consiguió obtener adecuadamente, examinar y compartir información de una manera oportuna y transparente [...] La OMS fracasó en su deber básico y debería rendir cuentas [...] La OMS no fue capaz de investigar informes creíbles de fuentes de Wuhan que estaban en conflicto directo con las versiones oficiales del gobierno chino. En diciembre de 2019 había información creíble para sospechar la transmisión entre seres humanos, lo cual habría espoleado a la OMS a investigar e investigar de inmediato. A mediados de enero hablaba como un loro y respaldaba públicamente la idea de que no estaba produciéndose transmisión de persona a persona pese a numerosos informes y diversas pruebas inequívocas de lo contrario. Los retrasos de la OMS a la hora de declarar una emergencia sanitaria pública costaron un tiempo valioso [...] La incapacidad de la OMS para conseguir muestras del virus hasta la fecha ha privado de datos esenciales a la comunidad científica [...] Si la OMS hubiera hecho su trabajo y conseguido que entraran en China expertos médicos para evaluar objetivamente la situación sobre el terreno, se habría podido contener el brote en su origen con pocas muertes, muy pocas muertes, desde luego muy pocas en comparación. Esto habría salvado miles de vidas y evitado perjuicios económicos en todo el mundo. En vez de ello, la OMS aceptó las declaraciones de China al pie de la letra y [...] defendió las acciones del gobierno chino, incluso elogiando a China por su supuesta transparencia −no estoy de acuerdo. La OMS fomentó la información errónea de China sobre el virus, diciendo que no era transmisible y que no había necesidad de prohibir los viajes [...] La confianza de la OMS en las informaciones de China seguramente multiplicó por veinte los casos mundiales, quizá mucho más aún. La OMS no ha abordado una sola de estas preocupaciones ni ha procurado ninguna explicación seria que admita sus propios errores, que han sido muchos.

En este discurso hay muchas afirmaciones que son objetivamente incorrectas. En diciembre de 2019, la OMS no contaba con información fiable sobre el brote de Wuhan y, por supuesto, no tenía pruebas de que hubiera transmisión entre seres humanos. No es cierto que la OMS no consiguiera obtener adecuadamente, examinar o compartir información de una manera oportuna y transparente, sino más bien al contrario: actuó enseguida para investigar la primera noticia publicada sobre el brote. Tan pronto los empleados de la organización hubieron verificado que efectivamente se había desencadenado una neumonía nueva, alertaron con rapidez a los demás países. En enero, la OMS no negaba que el virus pudiera transmitirse de persona a persona. La organización procuró confirmar que este medio de transmisión era posible antes de hacerlo público: una actitud científica en toda regla. Por último, la OMS no «fomentó información errónea de China sobre el virus», sino que estableció sus propios procedimientos investigadores sólidos para reunir información y así poder declarar, el 30 de enero, una Emergencia Sanitaria de Preocupación Internacional. En mis treinta años como editor de *The Lancet* jamás he visto a un líder político mentir públicamente de forma tan exhaustiva.

Me parece que la decisión del presidente Trump de suspender la financiación de la OMS en medio de una pandemia global fue tan atroz que constituía un crimen contra la humanidad. ¿Exagero al decir esto? No lo creo, y ahí va la razón. La OMS existe para proteger la salud y el bienestar de todos los pueblos del mundo. Un crimen contra la humanidad es un ataque deliberado e inhumano contra un pueblo. Al atacar y debilitar a la OMS mientras la organización estaba haciendo todo lo que podía para proteger a personas en algunos de los países más vulnerables del planeta, el presidente Trump, a mi entender, satisface los criterios para que su acto de violencia sea considerado un «crimen contra la humanidad», como lo denomina la comunidad internacional.

Así pues, ¿quién es el responsable de una pandemia que ha infectado a más de 80 millones de personas y ha matado a más de 1.800.000?

¿China? ¿Los gobiernos nacionales? ¿La OMS? En mi opinión, algunas de las respuestas están en lo que aprendimos del último brote de un virus SARS, en 2002-2003.

A finales de 2002, en la provincia meridional china de Cantón, un coronavirus nuevo saltó de un anfitrión animal a seres humanos. Este suceso probablemente tuvo lugar en un mercado de animales vivos en el que una multitud de animales enjaulados eran sacrificados, desmembrados y vendidos crudos o cocinados. Estos mercados están muy concurridos, abarrotados, y son espantosamente antihigiénicos. La probabilidad de que un virus efectúe en ellos la transición de animal a ser humano es elevada. La primera persona de la que sabemos que en noviembre de 2002 contrajo el virus y desarrolló la correspondiente enfermedad –un tipo infrecuente de neumonía, el «caso índice» o paciente cero– procedía de la ciudad de Foshán.

En diciembre se notificaron más brotes. En enero de 2003, un equipo chino de científicos llegó a la conclusión de que el responsable probablemente era un virus nuevo, por lo que instaron a que se realizaran labores de supervisión e informes minuciosos. Sin embargo, como sus recomendaciones coincidieron con el Año Nuevo chino, fueron ignoradas o desatendidas. No es solo que China bajara la guardia, sino que la gran cantidad de gente que viajó a casa con motivo de las celebraciones de Año Nuevo proporcionó al virus la oportunidad ideal para propagarse. Cosa que hizo.

El 31 de enero, en Cantón, un paciente contagiado del nuevo virus fue ingresado en un hospital y luego trasladado a otros dos, de modo que transmitió la infección a unas 200 personas. Como el número de contagiados iba en aumento, la noticia llegó a la OMS. Los funcionarios de la organización pidieron detalles al gobierno chino, que les informó de un brote de afección respiratoria aguda que había afectado a 305 personas, cinco de las cuales habían fallecido.

También Hong Kong sufrió un brote de la nueva enfermedad. En febrero de 2003, doce personas alojadas en el Hotel Metropole cayeron enfermas de SARS. Habían contraído el virus a través de un médico contagiado que había venido de visita desde el continente. Los doce individuos regresaron a su casa con el virus: a Singapur, Vietnam, Canadá, Irlanda y los EE.UU. La mayoría de los 8.000 casos mundiales tuvieron su origen en este momento supercontagiador. En marzo de 2003, más de 300 personas enfermaron en los edificios de apartamentos Amoy Gardens.

El 12 de marzo, bajo la dirección de la antigua primera ministra de Noruega Gro Harlem Brundtland, la OMS había emitido una alerta global. Las respuestas de los países afectados fueron rápidas e impactantes. Un confinamiento riguroso logró la extinción del brote en mayo de 2003. Desde entonces, este coronavirus no ha reaparecido.

El brote fue breve, virulento y, aunque global, se redujo exclusivamente a un escaso número de países. No obstante, sus efectos tuvieron grandes consecuencias. En primer lugar, se produjo un tremendo descalabro económico. Según ciertas estimaciones, el coste a corto plazo ascendió a 80.000 millones de dólares americanos, resultando especialmente afectados China y Hong Kong. Segundo, hubo repercusiones para la seguridad sanitaria global. La salud ya no era una cuestión política menor o marginal. Ahora el reforzamiento de los sistemas sanitarios se convertía en un asunto de defensa nacional y de seguridad del país.

También aprendimos que las epidemias como la del SARS debían ser combatidas a escala tanto local como internacional. La respuesta a un virus capaz de propagarse tan deprisa y con tanta furia no se puede dejar al azar. Debe ser coordinada. En cualquier caso, la lección más catastrófica fue política.

China no estuvo a la altura. Los débiles sistemas de atención primaria y de salud pública del país, su burocracia pomposa y autoritaria, el excesivo respeto por la jerarquía política, la deplorable coordinación, la eliminación de pruebas, la represión de los medios de comunicación, las reticencias a pedir ayuda externa o el miedo a la inestabilidad interna contribuyeron a que la respuesta dejara mucho que desear. Los funcionarios chinos se negaban sin más a compartir información con la OMS. Practicaban un engaño sistemático.

El 16 de abril, la OMS manifestó su «gran preocupación por los insuficientes informes» sobre casos de SARS. Es rarísimo que la OMS critique a alguno de sus países miembros. Sin embargo, la frustración de Brundtland iba en aumento y, como antigua primera ministra, tenía suficiente confianza en sí misma para llamar al orden al gobierno chino. El 20 de abril de 2003, el presidente de China, Hu Jintao, ya había destituido al ministro de Salud y al alcalde de Pekín. El Gobierno declaró una «guerra a nivel nacional contra el SARS». Y juró que nunca más le humillarían así.

La respuesta global ante el SARS se consideró un éxito fabuloso. En julio, la OMS estuvo en condiciones de declarar que el virus había sido derrotado. Según las conclusiones de 2004 de la Academia Nacional de Medicina de los EE.UU. (IOM, por sus siglas en inglés), «la calidad, la velocidad y la efectividad de la respuesta de salud pública al SARS fue infinitamente mejor que otras respuestas anteriores a brotes internacionales de enfermedades infecciosas, lo que daba validez a una década de avances en las redes globales de salud pública».[2]

Esta sensación de logro iba acompañada de un aviso. La IOM señaló que el SARS «recalca la permanente necesidad de inversiones en un sistema de respuesta sólido que esté preparado para la próxima enfermedad emergente, sea de origen natural o provocada a propósito». Brundtland concluía que «no es el momento de relajar la vigilancia. El mundo debe permanecer en alerta máxima ante posibles casos de SARS».

Tras el SARS, el riesgo de una emergencia humanitaria global provocada por un virus se identificó como un peligro claro y actual. De cara al futuro, era preciso que los países creasen defensas contra una posible reaparición del virus: de hecho, se trataba de preparar al mundo para la siguiente pandemia, del tipo que fuera. El principal requerimiento era la vigilancia, esto es, un estado permanente e intensificado de sensibilización. Desde un punto de vista práctico, consistía en la preparación científica para identificar el agente causante de un brote, desarrollar pruebas diagnósticas y descubrir nuevos medicamentos y vacunas capaces de tratar, y en última instancia prevenir, la enfermedad. La respuesta de salud pública que hacía falta también estaba clara: supervisión, detección precoz, aislamiento, rastreo de contactos, cuarentena, reforzamiento de la capacidad de reacción dentro del sistema de salud para afrontar lo que podrían ser decenas de miles de contagios graves, y comunicación efectiva con la gente. En la actualidad, «cuarentena» significa reducir la frecuencia del contacto social, toque de queda voluntario, suspensión de reuniones masivas, evitación del transporte público y cierre de centros de trabajo y edificios públicos. Estas medidas suponen restricciones graves e insólitas en la vida de la mayoría de los ciudadanos. Para lograr la aceptación pública, es fundamental generar confianza mediante una comunicación rápida, regular y transparente, proteger las condiciones de vida con planes de estabilidad laboral y mecanismos de compensación, y mantener alta la moral de los trabajadores esenciales. Por último, hacía falta comprender que el SARS era «un hito en la historia de la salud pública debido al grado de cooperación multinacional para mantener a raya la enfermedad».[3]

De hecho, el SARS representaba el comienzo de una geopolítica totalmente nueva. Como señalaba David Fidler, especialista en relaciones internacionales y leyes de salud global, «el SARS supone la primera enfermedad infecciosa que surge en un entorno político global diferente y radicalmente nuevo para la salud pública».[4] El «momento histórico» que significó el SARS aconteció porque el coronavirus fue «el primer patógeno poswestfaliano».

La Paz de Westfalia de 1648 no solo puso fin a la Guerra de los Treinta Años sino que además conllevó el nacimiento del Estado nación moderno. Desde 1648 hasta 2002-2003, las enfermedades infecciosas –en realidad, todas las enfermedades– se gestionaban en gran medida dentro del territorio delimitado por las fronteras nacionales. Durante más de tres siglos, las relaciones internacionales estuvieron determinadas por tres principios: soberanía nacional, no intervención en los asuntos de los Estados soberanos, y derecho internacional basado en el consentimiento.

Fidler describía la gobernanza westfaliana como horizontal: implicaba solo a los Estados, centrándose sobre todo en los detalles de cómo debían interaccionar unos con otros; y no intentaba abordar el modo en que los gobiernos trataban a sus pueblos respectivos. Los países podían trabajar juntos a fin de reforzar sus propios planes nacionales para combatir la enfermedad –por ejemplo, mediante los comités técnicos y las resoluciones aprobadas en las Asambleas Mundiales de Salud–, pero el SARS fue la primera ocasión en que los Estados soberanos tuvieron que ceder ante la influencia de actores supraestatales y organizaciones globales, como la OMS.

Del mismo modo que la ciencia, desde Copérnico a Einstein pasando por Darwin, ha sido un ejercicio de erosión gradual de la vanidad humana –pérdida de la posición central del ser humano partiendo de nuestro conocimiento del mundo–, también la pandemia ha erosionado la omnipotencia de los gobiernos. Poco a poco, los Estados nación han tenido que aceptar restricciones en su poder y su autoridad.

El SARS era un patógeno diferente porque, como en el caso del VIH, suponía una amenaza realmente global. Llegó a ser una emergencia sanitaria global. El SARS inauguró una nueva era de salud pública poswestfaliana, esto es, salud pública que superaba las fronteras y las soberanías nacionales. Por otro lado, esa nueva era se iniciaba con un logro de dimensiones espectaculares: «La campaña global contra el SARS obtuvo una victoria que figurará en los anales de la historia de la salud pública y de las relaciones internacionales».

Desde el SARS, ha habido otros dos brotes importantes de enfermedad zoonótica. Uno fue el Ébola, en 2013. Los países y las organizaciones globales mostraron una complacencia vergonzosa en su deslucida respuesta al Ébola. Un año antes, otro coronavirus –que originó el Síndrome Respiratorio de Oriente Medio– afectó a Arabia Saudí y se extendió a Catar y a otros países del mundo árabe. Afortunadamente, como el riesgo de transmisión de persona a persona era bajo, el MERS no se convirtió en la amenaza global que fueron tanto el SARS como el Ébola. El MERS no puso el mundo a prueba.

El Zika fue otra historia. Iniciado a principios de 2015 y transmitido por la picadura de un mosquito *Aedes* infectado, se sospecha que el virus del Zika contagió a más de medio millón de personas –casi todos los casos se notificaron en Brasil, Colombia, Venezuela, Martinica y Honduras. En febrero de 2016, la OMS declaró una PHEIC en respuesta a ese virus. La epidemia terminó en noviembre de 2016. No obstante, la tragedia del Zika es que el virus puede pasar de una mujer embarazada a su feto y provocar así una serie de defectos de nacimiento, en particular microcefalia.

Una vez extinguidos los brotes del Zika y del Ébola en el África Occidental, en 2016, contábamos con datos suficientes según los cuales era urgentísimo que los países reforzaran su preparación frente a nuevas pandemias infecciosas. Sin embargo, como ha explicado la OMS, menos de la mitad de los países del mundo cuentan con un sistema de salud pública capaz de prevenir o reaccionar ante nuevos brotes epidémicos.[5] Cualquier eslabón débil en la cadena global de preparación y protección es una amenaza para todos los países.

La OMS avisó: «Muchos países están teniendo dificultades para sostener o desarrollar sus capacidades nacionales de preparación, sobre todo debido a la falta de recursos, a otras prioridades nacionales o a una elevada rotación de trabajadores de la salud [...] Es necesaria una intervención urgente para garantizar que existan estas capacidades con el fin de evitar y gestionar las emergencias sanitarias». Sin embargo, la mayoría de los países no abordaron ni priorizaron estos puntos débiles. Incluso algunos que disponían de recursos relativamente abundantes –por ejemplo, Italia– se vieron sobrepasados por las consecuencias del SARS-CoV-2. Esta incapacidad para reaccionar ante la amenaza se debe en parte al comprensible miedo a las repercusiones económicas de los confinamientos. «Milán no se para», dijo Beppe Sala, alcalde de la ciudad.

En cualquier caso, la explicación más probable del generalizado exceso de confianza en toda Europa y Norteamérica es que los dirigentes políticos subestimaron el peligro. No se podían creer que un virus originado en una ciudad china de la que seguramente no habían oído hablar nunca pudiera tener unos efectos tan catastróficos en sus respectivos países. A pesar de los reveladores datos sobre los tremendos daños causados por recientes epidemias infecciosas, ese riesgo no aparecía en su radar de posibilidades.

Por tanto, estamos ante un hecho que revela un deplorable fracaso de los gobiernos. Algunos líderes políticos han aceptado y reconocido errores. Como dijo el presidente Macron el 13 de abril de 2020: «¿Estábamos preparados? No lo suficiente, desde luego».

En muchos países, esta falta de vigilancia se vio agravada por una década de austeridad económica resultante de la crisis financiera global de 2007-2008. La Gran Recesión que sobrevino fue una de las crisis más graves de la economía mundial desde la Gran Depresión de la década de 1930. Diversas políticas de austeridad dieron lugar a recortes presupuestarios. Y el sector sanitario fue a menudo una víctima propiciatoria de los recortes en gasto social.

Después de 2010, el Servicio Nacional de Salud (NHS, por sus siglas en inglés) del Reino Unido experimentó un debilitamiento sin precedentes al tiempo que crecían las necesidades de los pacientes. Desde 2015, el sistema sanitario público británico ha sufrido recortes que ascienden a mil millones de libras. Y, lo que es aún peor, la infraestructura local de salud pública, tan importante para proteger a la gente contra las infecciones, fue desmantelada.

Esta reducción del gasto sanitario se dejó sentir en casi toda Europa. Los servicios de salud, cada vez más faltos de personal y de recursos, llegaron a una situación crítica, sobre todo durante los meses invernales, cuando las necesidades de la gente alcanzan su cota máxima. En la década previa a la covid-19, la capacidad de los sistemas sanitarios no podía seguir el ritmo del crecimiento de la población, del envejecimiento de la sociedad, de los cambiantes patrones de las enfermedades o de los tratamientos nuevos y más caros.

Pese al intento del presidente Trump de culpar a la OMS y a China de los efectos destructivos de la covid-19 en la sociedad norteamericana, lo que tuvo más importancia fue la falta de preparación del sistema sanitario público de los EE.UU. Los departamentos de salud pública a escala nacional, estatal y local han estado crónicamente mal financiados. La Administración Trump había apuntado en concreto al Centro para el Control y Prevención de Enfermedades de los EE.UU., cuyo presupuesto fue esquilmado, lo que afectaba a la capacidad de prevención epidémica en todo el mundo, incluida China. En 2019, el puesto de director de la Casa Blanca para la seguridad sanitaria global y las bioamenazas fue eliminado por John Bolton, a la sazón consejero de Seguridad Nacional, con lo cual no había nadie para identificar y avisar de los peligros de una pandemia global. Los EE.UU. estaban estrepitosamente mal preparados para el SARS-CoV-2, sobre todo debido a sus propias autolesiones.

Estas disminuciones de la inversión en seguridad sanitaria nacional y global reflejan una tendencia de mayor alcance: cierta aversión política general al globalismo, esto es, a valorar la importancia de la interdependencia internacional, la solidaridad y la cooperación entre pueblos y naciones. Una década de austeridad creó las condiciones para que los políticos y sus electorados mirasen para casa. Atender a la situación apurada de un país no tiene nada de malo. Pero por debajo había todo un ideario.

Donald Trump en Norteamérica, el Brexit en el Reino Unido, Jair Bolsonaro en Brasil, Narendra Modi en la India, el Movimiento Cinco Estrellas en Italia… cada uno de estos personajes/hitos políticos representaban un alejamiento de lo que, hasta la crisis financiera global, había sido un posicionamiento político invariable en torno a una historia global común: la necesidad de una mayor colaboración internacional para resolver algunos de los problemas más acuciantes del mundo.

En su discurso de 2018 ante la Asamblea General de las Naciones Unidas, el presidente Trump lo expresó así: «Rechazamos la ideología del globalismo y abrazamos la doctrina del patriotismo». Y de nuevo en 2019: «El futuro no pertenece a los globalistas, el futuro pertenece a los patriotas». No obstante, esta mezquina definición de patriotismo pasaba por alto una verdad atroz: los virus no tienen nacionalidad.

El resultado de este rechazo del globalismo es que cuando llegó el SARS-CoV-2 no hubo liderazgo global, voluntad de cooperar ni capacidad para ver que el letal problema global que estaba teniendo lugar exigía una respuesta coordinada global. En vez de ello, hubo desatención, antagonismo y reproches.

Esta «comunidad internacional» frágil y disfuncional tampoco estaba preparada para un segundo tipo de epidemia, lo que la OMS ha acabado denominando «infodemia». Una infodemia es un exceso de información, verdadera o no, que obstaculiza una respuesta efectiva y fiable ante una pandemia. Si nos enfrentamos a un sinfín de afirmaciones en un sentido y en el contrario, ¿a quién hemos de creer?

A lo largo del brote de SARS-CoV-2, ha habido ejemplos enervantes de información errónea que se encuadran en cuatro categorías. En primer lugar, las teorías opuestas sobre la causa de la enfermedad. Diversas hipótesis han puesto en entredicho la idea de que este virus surgió como infección zoonótica en un mercado de animales vivos de Wuhan. La más conspirativa es la afirmación de que el virus fue de algún modo diseñado en unos laboratorios de armas biológicas de la ciudad, de donde escapó. El presidente Trump dio crédito a la idea en abril cuando dijo: «Oímos esta historia una y otra vez… Veremos». No prestar atención a los peligros de los mercados de animales vivos solo reducirá la presión para que estos mercados echen el cierre. Otra teoría supone que la tecnología inalámbrica 5G daña el sistema inmunitario humano, por lo que contribuye a enfermar de covid-19 en su versión grave. Como consecuencia de ello, numerosos postes 5G han sido atacados y quemados. Aunque la OMS ha dictaminado que las señales 5G no suponen riesgo alguno para la salud humana, la idea persiste.

Una segunda fuente de desinformación concierne a los síntomas de la enfermedad y al modo en que el virus se transmite. En la India, algunos nacionalistas hindúes han pretendido demostrar, falsamente, que la comunidad musulmana había intentado propagar el virus adrede entre la población hindú. A tal fin, han acuñado los términos «corona-terrorismo» y «corona-yihad», incitando a la discriminación, el acoso y la violencia contra los musulmanes indios. Muchos ciudadanos chinos en el extranjero también han sufrido racismo y xenofobia de forma notoria, algo fomentado por el presidente Trump cuando denominaba al SARS-CoV-2 «el virus de Wuhan» o hablaba de «la peste de China».

La tercera categoría de desinformación hace referencia a supuestos remedios para la covid-19. En la actualidad, hay centenares de historias falsas sobre ensayos y tratamientos para esta enfermedad, entre ellos la vitamina C, la cocaína, la marihuana o la plata coloidal. Por último, se han planteado diversas dudas sobre lo que están haciendo las autoridades para combatir la pandemia. Según cierta conjetura, de amplia difusión, la covid-19 es en gran medida un invento de los medios de comunicación y la enfermedad no es peor que una epidemia de gripe común, lo que es rotundamente falso.

La OMS acabó tan preocupada por los efectos de una infodemia que, para contrarrestar ese impacto, creó una unidad nueva: la Red de Información sobre Pandemias, o EPI-WIN (por sus siglas en inglés).

Sin embargo, más siniestro aún es el papel que la desinformación puede haber desempeñado en la propagación de falsas creencias sobre la covid-19. La desinformación es esa categoría de información errónea concebida adrede para engañar. Los que difunden información falsa a sabiendas pretenden aumentar la discordia en el seno de la sociedad. El Servicio Europeo de Acción Exterior ha documentado múltiples ejemplos de desinformación dirigidos a Europa y la Unión Europea (UE). La finalidad subyacente a esos ataques suele ser desacreditar a la UE por su manera de gestionar la crisis, dar a entender que la UE ha sido incapaz de ayudar a sus países miembros, y demostrar que otros países, como China, han hecho más por Europa que la propia Europa. Según el Servicio Europeo de Acción Exterior, las teorías falsas que se ponen en circulación son típicas de la propaganda del Kremlin, que trata de «intensificar las divisiones, sembrar el caos y la desconfianza, y exacerbar las situaciones de crisis y los problemas de interés público».

La respuesta a por qué el mundo no estaba preparado para el SARS-CoV-2 y la covid-19 tiene otros aspectos, incluso más inquietantes, que analizaré en los tres próximos capítulos. Desde el punto de vista colectivo, estas deficiencias en la toma de decisiones reflejan no solo la sorprendente fragilidad de las sociedades modernas basadas en la ciencia, sino también algo mucho peor: fallos intrínsecos en la mecánica de las democracias occidentales que amenazan su misma existencia.

3

Ciencia: la paradoja del éxito y el fracaso

Un catálogo del número de fallecimientos provocado por la principal epidemia de los tiempos históricos es estremecedor, y eclipsa la totalidad de muertes en todos los campos de batalla del pasado.

ROY M. ANDERSON Y ROBERT M. MAY,
Infectious Diseases of Humans (1991)

La comunidad científica global hizo una aportación insuperable para establecer una base fiable de conocimientos que guiasen la respuesta a la pandemia del SARS-CoV-2. Sin embargo, la gestión de la covid-19 representó, en muchos países, el mayor fracaso en política científica de toda una generación. ¿Qué salió mal?

Antes de contestar a esta pregunta, hay que reconocer y aplaudir los éxitos. Después de sufrir el oprobio global tras su manejo del SARS, los líderes chinos invirtieron mucho en sus universidades, concretamente en capacidad de investigación científica, técnica y médica. Cuando tuvieron que enfrentarse a un virus nuevo, los científicos chinos estaban preparados y bien equipados, y enseguida se pusieron en marcha.

El 24 de enero notificaron en *The Lancet* los primeros 41 casos de covid-19. El equipo chino estaba dirigido por Bin Cao, profesor del Departamento de Medicina Pulmonar y Cuidados Intensivos en el Hospital de la Amistad China-Japón en Pekín, que formó grupos de Wuhan y Pekín cuyo objetivo era recopilar datos epidemiológicos, clínicos, radiológicos y de laboratorio procedentes de ese conjunto inicial de pacientes.[1]

Bin Cao y sus colegas realizaron las primeras descripciones de los síntomas y datos clínicos de la covid-19, un recurso esencial y urgente para que los médicos de todo el mundo pudieran tratar a pacientes aquejados de este tipo desconocido de neumonía. Establecieron la conexión entre la enfermedad y la presencia en el mercado de animales vivos. Explicaron que una tercera parte de los pacientes debían ser ingresados en cuidados intensivos. Calcularon el tiempo promedio desde el inicio de los síntomas hasta la entrada en la UCI (10,5 días). Revelaron que los pacientes solían presentar hemogramas indicadores de lesiones hepáticas, renales o cardíacas. De las tomografías computarizadas de tórax se obtenían imágenes que en todos los casos eran anómalas, pues daba la impresión de que en los campos pulmonares había como vidrio esmerilado. Descubrieron un hecho singularmente preocupante: niveles elevados de citoquinas que formaban una verdadera «tormenta de citoquinas». El equipo chino explicó que algunos pacientes necesitaban ventilación mecánica invasiva y un sistema especial para oxigenar la sangre cuando fallaban los pulmones, técnica denominada «oxigenación por membrana extracorpórea». También informó de que el 15 por ciento de los pacientes ingresados en un hospital habían fallecido.

El contraste entre esta impresionante respuesta y los escasos esfuerzos de China durante el SARS de 2002-2003 ilustra el notable renacimiento científico experimentado por el país en solo dos décadas. El grupo de Bin Cao no solo fue capaz de reunir datos de última generación sobre esos primeros pacientes, sino que además decidió de buen grado redactar su trabajo, publicarlo sin censuras en inglés en revistas médicas extranjeras, y hacer que sus hallazgos estuvieran a disposición de otros, y todo ello cuando habían pasado apenas unas semanas desde las primeras notificaciones de la nueva enfermedad. El cambio cultural, además del científico, que se había producido en China era colosal. De todos modos, dentro de sus fronteras ese trabajo no estuvo libre de polémicas. Algunos de los científicos que elaboraron los primeros informes para *The Lancet* fueron objeto de críticas en las redes sociales chinas. ¿Por qué esos científicos publicaban sus trabajos en revistas en inglés y no en sus equivalentes chinas?, les preguntaban. ¿No era eso un acto de traición a la patria? Lo que estas acusaciones de deslealtad no comprendían era que, desde el brote de SARS en 2002-2003, la ciencia china se ha incorporado e integrado en lo que es una iniciativa científica realmente internacional. Muchos investigadores chinos actuales se han formado en universidades occidentales. Por otro lado, el gobierno chino ha intentado que regresen al país muchos de los mejores científicos mediante ofertas de laboratorios bien dotados, ascensos, financiación de investigaciones y buenos salarios.

Diversos equipos científicos locales alcanzaron otros logros. Unos médicos de Hong Kong que trabajaban con colegas de Shenzhen fueron los primeros en establecer que existía transmisión del SARS-CoV-2 de persona a persona.[2] La secuencia genómica del nuevo virus fue hecha pública el 29 de enero por un amplio equipo en el que se incluía el Centro Chino de Control y Prevención de Enfermedades, dirigido por George Gao (uno de los acusados de traición por sus compatriotas más nacionalistas).[3] Como ya he comentado, el grupo de Gabriel Leung, del Centro Colaborador de la OMS para la Epidemiología y el Control de Enfermedades Infecciosas de la Universidad de Hong Kong, documentó minuciosamente la probabilidad de una epidemia global.[4]

Se plantearon también una serie de preguntas clínicas urgentes que precisaban una respuesta, y los médicos y científicos chinos actuaron de nuevo con rapidez. Dada la historia del virus del Zika y sus efectos en el feto, una primera duda es si este coronavirus se podía transmitir igualmente al feto. Diversos equipos mixtos de Wuhan y Pekín colaboraron para estudiar a nueve mujeres embarazadas que padecían covid-19. Se evaluaron indicios de transmisión vertical intrauterina buscando SARS-CoV-2 en el líquido amniótico, en la sangre del cordón umbilical, en la leche materna y en exudados faríngeos de bebés recién nacidos.[5] Todas las mujeres tuvieron un parto por cesárea y sobrevivieron. Y los nueve niños nacieron vivos y sanos. Ninguno acabó infectado por el virus. Ninguna de las muestras dio positivo en los test. Huijun Chen y sus colegas sacaron provisionalmente una conclusión preliminar pero tranquilizadora: no había indicios de que el virus pasara de la madre al bebé.

Otro motivo de preocupación era la gravedad de la covid-19. Según el informe sobre los primeros 41 pacientes, una tercera parte de estos tuvieron que ser ingresados en la UCI y uno de cada ocho fallecieron. Otro informe sobre 99 pacientes, publicado el 29 de enero, hablaba de un índice de mortalidad del 11 por ciento entre los hospitalizados.[6] De todos modos, hacía falta una descripción más detallada de la gravedad de la dolencia. ¿Hasta qué punto otros países debían preocuparse por esa enfermedad?

Según las primeras informaciones, los sistemas nacionales de salud debían ampliar sus instalaciones de cuidados intensivos, crear reservas de equipos de protección individual y prepararse para una mortalidad potencialmente elevada. El Hospital Jin Yin-tan de Wuhan había sido designado como centro especializado en el tratamiento de pacientes con covid-19. Un grupo de médicos dirigido por el profesor You Shang revisó sus historiales y observó que, de 201 personas con covid-19 confirmada, 55 (el 27 por ciento) llegaron a un estado tan crítico que tuvieron que ingresar en la UCI.[7] El 21 de febrero lo explicaban así: «Durante el brote de la infección por el SARS-CoV-2, el número de pacientes críticos sobrepasaba la capacidad de las UCI. Por tanto, en el Hospital Jin Yin-tan se crearon urgentemente dos UCI provisionales». Sin embargo, lo que anotaron era alarmante: el 62 por ciento de los ingresados en las UCI fallecieron. Los muertos, personas mayores en su totalidad (con una edad promedio de 65 años), sufrieron fallos multiorgánicos. You Shang llegó a la conclusión de que «la mortalidad de los enfermos de SARS-CoV-2 críticos es considerable [...] La gravedad de la neumonía por SARS-CoV-2 supone una gran presión sobre los cuidados intensivos en los hospitales, sobre todo si no cuentan con el personal ni los recursos suficientes». Los científicos y médicos occidentales disponían de esta información en febrero, todo un mes antes de que sus países se vieran obligados a imponer confinamientos. De nuevo sigue siendo inaudito que esos informes no dieran lugar a una respuesta de los gobiernos occidentales más urgente y enérgica.

Entre el 16 y el 24 de febrero, un equipo de la OMS visitó China para evaluar la respuesta del país a ese coronavirus y ofrecer recomendaciones a los países todavía no afectados.[8] Estas fueron sus conclusiones:

> Frente a un virus antes desconocido, China ha realizado quizá el esfuerzo de contención más ambicioso, ágil y agresivo de la historia [...] Lograr el alcance y el cumplimiento excepcionales de estas medidas de confinamiento ha sido posible solo debido al profundo compromiso del pueblo chino con la acción colectiva ante esta amenaza pública [...] El valiente enfoque de China para frenar la rápida propagación de este nuevo patógeno respiratorio ha cambiado el curso de una epidemia mortal y creciente.

Para este éxito fue fundamental la «serie de importantes programas de investigación de emergencia sobre genómica viral, antivirales, medicina china tradicional, ensayos clínicos, vacunas, diagnósticos y modelos animales». El compromiso de China con la adquisición rápida de conocimientos sobre este nuevo virus fue un factor decisivo que permitió al país contener, dominar y a la larga acabar con la epidemia.

Entretanto, debido a la ubicación de Wuhan como importante nodo chino de transporte, el virus estuvo transitando a escala global. Los médicos notificaban casos en tiempo real a medida que llegaban a Nepal,[9] Canadá,[10] Italia,[11] los EE.UU.[12] y Singapur.[13] El caso de Italia fue un ejemplo especialmente importante de cómo la ciencia puede contribuir a una respuesta nacional e internacional más efectiva.

Durante el mes de febrero, cada vez estaba más claro que Italia se enfrentaba a un brote de una intensidad extraordinaria. Giuseppe Remuzzi, director del Instituto Mario Negri de Investigación Farmacológica de Bérgamo, al ver que su hospital se llenaba de pacientes que requerían ventilación y cuidados intensivos, vislumbró que se avecinaba una crisis humanitaria. A principios de marzo, Italia, y sobre todo la región septentrional de la Lombardía, ya había tenido 12.000 casos de infección y 827 fallecimientos. La edad promedio de los muertos era de 81 años, y más de dos terceras partes de los enfermos presentaban un historial médico de diabetes, cáncer o enfermedad cardiovascular. Remuzzi calculó que los hospitales italianos no serían capaces de atender a la masa de pacientes que acudirían a los mismos una vez la primera ola de SARS-CoV-2 se hubiera extendido por todo el país; también pronosticó que hacia el 15 de marzo estarían contagiados más de 30.000 italianos.[14] En sus conclusiones, Remuzzi hablaba sin rodeos: Italia afrontaba una dificilísima situación de «proporciones inmanejables», que tendría «resultados catastróficos». Predijo además que los acontecimientos que habían abrumado a la provincia de Hubei pronto arrasarían la Lombardía. Por desgracia, las cifras confirmaron los peores vaticinios de Remuzzi. Italia es uno de los diez países que han padecido los mayores niveles de mortalidad a causa de la covid-19.

La historia de la covid-19 en los EE.UU. es una de las paradojas más extrañas de toda la pandemia. Ningún otro país del mundo tiene la concentración de habilidades científicas, conocimientos técnicos y capacidad productiva de los EE.UU., la superpotencia científica por antonomasia. Sin embargo, este coloso de la ciencia fue totalmente incapaz de aplicar su pericia de forma satisfactoria a las medidas políticas y a la respuesta política del país. En los tres primeros meses de la pandemia, en los Estados Unidos fallecieron a causa de la covid-19 más personas que durante toda la guerra del Vietnam (entre 1955 y 1975, murieron en combate 58.318 soldados norteamericanos; el 28 de abril de 2020, esta cifra ya había sido superada por los caídos a raíz de la covid-19).

El primer caso de covid-19 en los EE.UU. fue notificado el 21 de enero: era un hombre joven del estado de Washington que había regresado de Wuhan una semana antes, el 15 de enero. Nancy Messonnier, directora del Centro Nacional de Inmunización y Enfermedades Respiratorias de Norteamérica, consideró la noticia «preocupante».

Hablando de los sucesos que estaban produciéndose en China, el 24 de enero el presidente Trump escribió en Twitter: «Todo saldrá bien». Anthony Fauci, el histórico y reputado director del Instituto Nacional de Alergias y Enfermedades Infecciosas, señalaba lo siguiente: «No queremos que los norteamericanos se preocupen por esto, pues el riesgo es bajo». No obstante, el 30 de enero, los Centros para el Control y Prevención de Enfermedades de los EE.UU. notificaron el primer caso de transmisión de persona a persona en el país: una mujer cuyo marido había estado en Wuhan. Aun así, el gobierno entendía que el riesgo era «bajo» para los estadounidenses.

Sin embargo, el 31 de enero, el día después de que la OMS declarase la PHEIC, el presidente Trump había calificado al coronavirus como «emergencia de salud pública», y se decretaron prohibiciones para viajar. De todos modos, daba la impresión de que el gobierno aún no entendía la urgencia y la letalidad de la amenaza. El 12 de febrero murió el primer norteamericano a causa de la covid-19. El 21 de febrero, Messonnier admitía que ahora era «muy posible» que tuviera lugar la propagación comunitaria. A finales de febrero, esa posibilidad se convirtió en realidad, y Trump encargó al vicepresidente Mike Pence que encabezara la respuesta del país a la covid-19.

Pence y Fauci estaban de acuerdo en que la piedra angular de su estrategia nacional debía ser la realización de test diagnósticos y el aislamiento de quienes dieran positivo. No obstante, durante el mes de marzo quedó claro que el sistema sanitario norteamericano, en palabras de Fauci, «no está preparado para esto». «Es endeble», añadió. Como consecuencia de ello, a finales de marzo los esfuerzos para frenar al virus habían resultado insuficientes.

Los Estados Unidos habían llegado a ser el país más infectado del planeta. En esos momentos la política aprobada de la Administración Trump consistía en normas de distancia social y en evitar las reuniones masivas. Sin embargo, el virus había comenzado a arraigar y las muertes empezaban a aumentar –lo mismo que el desempleo, pues la economía se desplomó. En mayo, el Tesoro de los EE.UU. anunció que tomaba prestada una cifra récord de tres billones de dólares para pagar las medidas de alivio relativas al coronavirus aprobadas por el Congreso.

Wuhan había iniciado su confinamiento pronto: el 23 de enero. Gracias a vigorosos esfuerzos por cortar las vías de transmisión viral, el 8 de abril China fue capaz de levantar las restricciones. En ese mismo momento, Deborah Birx, designada por Pence como coordinadora de la Comisión Especial de la Casa Blanca sobre el Coronavirus, informaba de que en los EE.UU. la epidemia había alcanzado ya su nivel máximo. El 11 de abril, el país había superado a Italia en cuanto a número de fallecimientos por covid-19. Estaban afectados todos los estados. Cuando la economía se desmoronó aún más, y cuando estallaron protestas contra las órdenes de quedarse en casa, el presidente Trump puso en la diana a China y a la OMS. El 14 de abril, anunció que suspendía su aportación financiera a la organización mientras acusaba a China de ocultar información crucial sobre el virus.

En el Reino Unido, la situación no era menos desastrosa. Desde la última semana de enero, el gobierno británico tardó siete semanas en reconocer la gravedad de la covid-19. Desperdició todo febrero y gran parte de marzo, cuando los ministros debían haber estado preparando al país para la llegada de un nuevo virus letal. ¿Por qué? Incomprensiblemente, los asesores médicos y científicos del gobierno del Reino Unido pasaron por alto las advertencias procedentes de China.

El 13 de diciembre de 2019, Boris Johnson ganó unas elecciones generales con la promesa de «concluir el Brexit». Gran Bretaña abandonaría la Unión Europea el 31 de enero, un día, como decía el nuevo primer ministro, que simbolizaría un momento de «cambio y renovación nacional». El 26 de febrero, menos de un mes después de que la OMS declarase la PHEIC, Johnson anunció una revisión integrada de la política exterior, la defensa, la seguridad y el desarrollo internacional. Aseguraba que esta revisión sería la más importante desde la Guerra Fría. Hablaba del «carácter cambiante de las amenazas que afrontamos». Sin embargo, no hacía mención al nuevo coronavirus que iba esparciéndose por todo el país. ¿Influyó el Brexit en la intención del Reino Unido de ir por libre?

El 2 de marzo, el primer ministro Johnson estaba presidiendo COBRA, el comité de contingencias civiles convocado para abordar cuestiones de emergencia nacional. Tras esa reunión, Johnson reconoció que la covid-19 suponía «un desafío significativo». «Pero estamos bien preparados», añadió. ¿Conocía Johnson el Ejercicio Cygnus de 2016 y sus inequívocas conclusiones de que, sin lugar a dudas, el Reino Unido estaba mal preparado? Si lo conocía, mintió a la gente. Si no, entonces desde luego es culpable de conducta impropia en el ejercicio de cargo público. Tengamos en cuenta que una pandemia figura en lo más alto del Registro Nacional de Riesgos del Reino Unido. Como es lógico, cabría esperar que un primer ministro conociera la capacidad de su país para enfrentarse al riesgo de emergencia civil más grave.

Todo lo que hizo el primer ministro Johnson fue aconsejar a la gente que se lavara las manos. El 3 de marzo aún defendía que el Reino Unido «sigue estando sumamente bien preparado».

El 5 de marzo, cuando en el Reino Unido ya había 85 casos confirmados de covid-19, Johnson apareció en la televisión para continuar minimizando los riesgos del virus. En el programa *This Morning*, de ITV, dijo lo siguiente: «Quizá podríamos hacer algo así como encajar el golpe, aceptarlo todo de una vez y dejar que la enfermedad, por así decirlo, se desplazara entre la población sin que tomáramos realmente tantas medidas draconianas. Creo que hemos de encontrar un equilibrio». Puso de manifiesto su propia negligencia ante los riesgos de la infección al estrechar tranquilamente la mano a todo el mundo, y luego presumir de ello.

Sin embargo, el 7 de marzo el gobierno aconsejaba a las personas con síntomas que se autoconfinaran. Los ministros no parecían estar seguros de lo que debían hacer. ¿Dejar que la epidemia se extendiera rápidamente por la población –«encajar el golpe»– o hacer algo más? El 12 de marzo, el Reino Unido había interrumpido su estrategia de efectuar test, rastrear contactos y aislarlos, decisión que más adelante sería reconocida como un error. Por motivos todavía inciertos, el gobierno del Reino Unido esperó. Y se quedó observando.

Por lo visto, los científicos que asesoraban al gobierno creían que ese nuevo virus podía ser abordado prácticamente como si fuera el de la gripe. Graham Medley, uno de los expertos consejeros del gobierno, fue apabullantemente explícito. En una entrevista en el programa *Newsnight* de la BBC, explicó la postura inicial del Reino Unido: estimular una epidemia controlada en un gran número de personas a fin de generar «inmunidad de rebaño». Recomendaba «una situación en que la mayoría de la población sea inmune a los contagios. Y la única manera de lograr esto, a falta de vacuna, es haciendo que se infecte la mayoría de la población». Medley abogaba por «una epidemia bien grande». «Lo que intentaremos hacer», dijo, «es gestionar esta adquisición de inmunidad de rebaño y minimizar la exposición de las personas vulnerables». Sir Patrick Vallance, asesor científico jefe del gobierno, indicó que el objetivo era que se contagiase el 60 por ciento de la población del Reino Unido.

A medida que avanzaba el mes de marzo, el gobierno estaba cada vez más nervioso. Sin embargo, todavía era incapaz de actuar con firmeza. Su toma de decisiones a modo de *staccato* daba a entender un ambiente de confusión y miedo en aumento. El 16 de marzo se aconsejó a la gente que no viajara si no era imprescindible. El 18 se cerraron las escuelas; y el 20 le llegó el turno a los locales de ocio, los bares y los restaurantes. Hasta el 23 de marzo no se emitió la orden de «quedarse en casa». Se había perdido un tiempo precioso mientras la epidemia duplicaba sus efectos cada dos o tres días, algo que el gobierno sabía desde principios de ese mismo mes.

Lo más extraño es que, para estimar el impacto de la decisión de «mirar y esperar», no hacían falta las predicciones de los científicos del Imperial College de Londres. Cualquier alumno con conocimientos elementales de aritmética habría podido calcularlo. Con una mortalidad del uno por ciento entre el 60 por ciento de una población británica de 66 millones de personas, cabía esperar que, si no se tomaban medidas, habría casi 400.000 muertos. La enorme ola de pacientes críticos resultante de esta estrategia de inmunidad de rebaño consistente en «encajar el golpe» colapsaría enseguida el Servicio Nacional de Salud, como había sucedido en Italia. Desde el primer informe de China en enero, los mejores científicos del Reino Unido sabían que la covid-19 era una enfermedad letal. Sin embargo, hicieron muy poco y muy tarde.

Remuzzi también avisó a los países europeos. Al explicar las lecciones extraídas de su experiencia en la Lombardía, escribió que «estas consideraciones también podrían aplicarse a otros países europeos que tengan un número similar de pacientes contagiados y necesidades parecidas respecto a los ingresos en cuidados intensivos». No obstante, el Reino Unido mantuvo su estrategia de alentar que la epidemia avanzara sin control.

Nadie puede alegar ignorancia. Nadie puede decir que esta interpretación de los hechos es *a posteriori*. En su ensayo de 1994 *The Coming Plague*, Laurie Garrett concluía lo siguiente:

A la larga, la humanidad deberá cambiar su perspectiva sobre el sitio que ocupa en la ecología de la Tierra si la especie aspira a prevenir o sobrevivir a la siguiente pandemia. La rápida globalización de los nichos humanos requiere que las personas de todas partes del planeta dejen de ver sus barrios, provincias, países o hemisferios como una agregación de ecosferas personales. Los microbios, y sus vectores, no reconocen ninguna de las fronteras artificiales levantadas por los seres humanos […] En el mundo microbiano, la guerra es una constante […] El tiempo apremia.[15]

Si alguien cree que Garrett utiliza hipérboles retóricas debería consultar análisis serios, del año 2004, de la Academia Nacional de Medicina de los EE.UU., donde se evaluaban las lecciones del brote del SARS de 2003 citando a Goethe: «Saber no es suficiente, debemos aplicarlo. Querer no es suficiente, debemos hacerlo». La Academia llega a esta conclusión: «La contención rápida del SARS es un éxito de la salud pública, pero también un aviso […] Si el SARS reaparece […] los sistemas sanitarios de todo el mundo sufrirán una presión extrema […] Es vital una vigilancia constante».[16] Pero el mundo no hizo caso de estas advertencias.

Recordemos algunos brotes: Hendra en 1994, Nipah en 1998, SARS en 2003, MERS en 2012 y Ébola en 2014. Estas importantes epidemias virales humanas procedentes de anfitriones animales eran claras señales. Seguramente no debería sorprendernos que estas señales de amenaza pasaran desapercibidas. A todos nos afecta el llamado sesgo de confirmación, es decir, pasamos por alto información que no encaja con nuestra opinión o nuestra experiencia del mundo. ¿Cuántos de nosotros habíamos experimentado antes una pandemia? Las catástrofes revelan los puntos débiles de la memoria humana. ¿Cómo va uno a prepararse para un acontecimiento raro y aleatorio, por mucho que vaya a producirse con seguridad? Los sacrificios a corto plazo serían enormes, ¿verdad? De todos modos, como sostiene la sismóloga Lucy Jones en *The Big Ones* (2018), «los riesgos naturales son inevitables; los desastres no».[17]

Es posible medir y cuantificar los riesgos. Como han demostrado claramente Laurie Garrett y la Academia Nacional de Medicina, los peligros de una epidemia nueva se conocían muy bien desde la aparición del VIH en la década de 1980. ¿Y qué hay del VIH? Pues desde que comenzara la epidemia, se han contagiado 75 millones de personas, de las cuales han muerto 32 millones. El VIH quizá no barrió el mundo al ritmo del SARS-CoV-2, pero su sombra sigue siendo inmensa, lo cual debería haber servido de alerta a los gobiernos para prepararse ante el posible brote de una nueva amenaza viral.

En épocas de crisis, tanto la gente como los políticos recurren lógicamente a los expertos. En esta ocasión, los expertos –científicos que han modelado y simulado nuestros futuros posibles– hicieron suposiciones que resultaron erróneas. El Reino Unido imaginó una pandemia a imagen y semejanza de la gripe. El virus de la gripe no es benigno. Los fallecimientos anuales debidos a la gripe varían mucho, con un reciente valor máximo en el Reino Unido de 28.330 muertes en 2014/2015 y un valor mínimo de 1.692 en 2018/2019. En cualquier caso, la gripe y la covid-19 no son lo mismo.

En cambio, China estaba marcada por su experiencia con el SARS. Cuando el gobierno se dio cuenta de que había un nuevo virus SARS en circulación, sus funcionarios no aconsejaron simplemente lavarse las manos, mejorar la etiqueta de la tos o usar pañuelos de papel, sino que cerraron ciudades enteras y pararon la economía. Gabriel Leung, de Hong Kong, denomina a esta respuesta «el excepcionalismo del Asia Oriental». El largo historial de epidemias originadas en la región –la gripe asiática de 1957, la epidemia de gripe de Hong Kong de 1968, una serie de brotes de gripe aviar en la década de 1990 y principios de la de 2000, y por último el SARS y el MERS– había funcionado como una especie de «impronta sociológica» en la mente de los asiáticos. Estaban preparados para la covid-19. En cambio, como me dijo un antiguo secretario de estado de Sanidad en Inglaterra, nuestros científicos sufrían el «sesgo cognitivo» de ver la amenaza como si se tratara de la gripe.

Tal vez por eso el comité oficial clave, el Grupo Asesor de Amenazas de Virus Respiratorios Nuevos y Emergentes (NERVTAG, por sus siglas en inglés), el 21 de febrero –tres semanas después de que la OMS hubiera declarado la PHEIC– llegó a la conclusión de que, con una excepción, no ponía ningún reparo a la evaluación de riesgo «moderado» de la enfermedad para la población británica que había realizado Public Health England. Iba a ser un error de juicio verdaderamente fatal.

Esta evaluación de los riesgos a la baja provocó retrasos mortales en la preparación del NHS ante la inminente ola de contagios. Es doloroso leer las súplicas desesperadas que durante marzo y abril recibí de personas de primera línea del Servicio Nacional de Salud británico, el NHS. «El agotamiento del personal de enfermería es de proporciones alarmantes, y un montón de nuestros trabajadores sanitarios están al borde del colapso emocional.» «Es indignante que esté pasando esto, y que de algún modo este país crea que no pasa nada si algunos miembros del personal caen enfermos, necesitan ventilación o se mueren.» «Me siento como un soldado que va a la guerra desarmado.» «Es un suicidio.»

Durante la primera ola de la pandemia, muchos médicos y sanitarios tuvieron verdaderas dificultades para disponer de equipos de protección individual. Algunos gerentes hospitalarios hicieron una buena planificación. Pero muchos, quizá la mayoría, fueron incapaces de proporcionar el material de seguridad necesario para sus equipos de primera línea.

En cada conferencia de prensa, el portavoz del gobierno siempre incluía la misma frase: «Hemos estado siguiendo los consejos de los médicos y científicos». Es una buena frase. Y cierta en parte. Sin embargo, el gobierno sabía –Ejercicio Cygnus– que el NHS no estaba preparado. El gobierno sabía que había sido incapaz de aumentar la capacidad de los cuidados intensivos para atender las probables necesidades asistenciales. Así me lo escribió un médico: «Por lo visto, nadie quiere aprender de la tragedia humana que se produjo en Italia, China, España... Es realmente triste... Los médicos y los científicos son incapaces de aprender unos de otros».

Los científicos y los médicos que encabezaron la respuesta a la pandemia en el Reino Unido decían que mantener el número de fallecidos a causa de covid-19 por debajo de 20.000 sería un «buen resultado». Este límite se superó el 25 de abril, «un día muy triste para el país».

Según el relato oficial del gobierno, el Servicio Nacional de Salud del Reino Unido había conseguido lidiar con la epidemia. No obstante, esta apreciación era correcta solo porque se habían cancelado miles de citas programadas y procedimientos electivos a fin de crear la capacidad necesaria para hacer frente a los ingresos resultantes de la subsiguiente ola de covid-19. Solo en Inglaterra, se liberaron 33.000 camas con el fin de disponer de sitio suficiente para absorber la esperada llegada de los nuevos enfermos.

Pese a los ingentes esfuerzos de los trabajadores sanitarios, el NHS desde luego no salió adelante. Fue incapaz de aumentar su capacidad por encima de la provisión de servicios normales; hasta el final del brote no logró poner en marcha una estrategia de test, rastreo y aislamiento, e incluso entonces de manera ineficaz; no procuró suficientes suministros de equipos de protección individual, con lo cual los trabajadores sanitarios de la primera línea de respuesta ante el brote siguieron siendo vulnerables a la infección; y el hecho de que la asistencia social se hubiese segregado del NHS dejó a los ancianos desprotegidos en las residencias. Una de las consecuencias del aplazamiento masivo de miles de operaciones programadas, procedimientos y citas, fue una acumulación de trabajo pendiente que solo se completará debidamente bien entrado 2021 y encima aumentará las presiones sobre los hospitales y los servicios comunitarios y de atención primaria, amén de la asistencia social, todo ello ya muy saturado. Cuando Jenny Harries, subdirectora médica de Inglaterra, dijo que el estado de preparación del Reino Unido era un «ejemplo internacional», casi todos los observadores se quedaron atónitos. La respuesta británica había sido lenta, autocomplaciente y torpe. Saltaba a la vista que el país no estaba preparado.

La covid-19 ha revelado la asombrosa endeblez de nuestra sociedad, nuestra vulnerabilidad colectiva. Ha dejado patente nuestra incapacidad para cooperar, para coordinarnos y actuar juntos. Quizá es que, después de todo, no sabemos controlar el mundo natural. A lo mejor no somos tan dominantes como en otro tiempo pensábamos. Si al final la covid-19 infunde a los seres humanos algo de humildad, entonces tal vez, pese a todo, seamos receptivos a las lecciones de este virus mortal. O acaso nos hundamos de nuevo en nuestra cultura de complaciente excepcionalismo occidental y aguardemos a la siguiente epidemia, que sin duda está de camino. Si nos guiamos por la historia reciente, este momento llegará antes de lo que creemos.

Por el modo en que muchos países gestionaron la covid-19, algo salió muy mal. En el Reino Unido, el gobierno podía solicitar los servicios de algunos de los investigadores de más talento del mundo. Sin embargo, por alguna razón, hubo cierta incapacidad colectiva para identificar las señales que estaban siendo enviadas por científicos chinos e italianos. El Reino Unido tuvo la oportunidad y el tiempo necesarios para aprender de la experiencia de otros países. Por motivos que aún no están del todo claros, a los británicos se les escaparon las señales y las oportunidades.

Quizá lo que había funcionado mal era el sistema de elaboración de la política científica. Creo que es razonable hacer dos acusaciones al sistema actual con respecto a su gestión de la pandemia. La primera es que fue, en alguna medida, corrupto: generó un abuso de confianza en el ejercicio del poder. Fue un abuso de poder porque el sistema de creación de la política científica fue incapaz de actuar ante unas señales claras e inequívocas procedentes de China que culminaron en una PHEIC de la OMS el 30 de enero. Cuando se declaró la PHEIC, los comités científicos asesores del gobierno, como NERVTAG, junto con el médico jefe oficial y el asesor científico jefe, tenían que haber comenzado de inmediato a formular preguntas. Debían haber establecido contacto con sus homólogos de China y Hong Kong –Bin Cao, George Gao, George Leung– en busca de testigos directos de lo que estaba pasando. Tenían que haber llamado a la oficina de la OMS en Pekín para conocer su evaluación de la situación en Wuhan. Si hubieran actuado así, nuestros consejeros científicos más importantes habrían oído los mismos mensajes descarnados aparecidos en los informes publicados desde enero: una pandemia de un virus muy tóxico va camino de Europa. El hecho de que al parecer no realizaran ninguna de estas acciones es lo que constituye el abuso de confianza en el ejercicio de poder encomendado.

La segunda acusación es que se apreciaba cierta connivencia entre científicos y políticos: científicos y políticos accedieron a trabajar juntos para proteger al gobierno, para transmitir la apariencia de que el Reino Unido era un «ejemplo internacional» de buena preparación y que tomaba las decisiones adecuadas en el momento oportuno basándose en la ciencia. Cada día, mientras la pandemia recorría su venenoso camino entre la población, un ministro convocaba una rueda de prensa para anunciar la cifra diaria de contagios y fallecidos; y lo hacía acompañado por un científico o un asesor médico del gobierno. Cuando se formulaban preguntas a los asesores, estos respaldaban sistemáticamente la política del gobierno. Jamás se apartaban del guion político que se les había facilitado. ¿Cómo es que no llegaban trajes EPI a los trabajadores sanitarios de primera línea? En vez de contestar sinceramente que no se había actuado conforme a los consejos del Ejercicio Cygnus, el asesor científico o médico decía que el gobierno hacía todo lo que podía y que los equipos de protección individual estaban de camino, aunque evidentemente no era así. ¿Por qué no se podían hacer más test diagnósticos? En vez de contestar sinceramente que el gobierno había hecho caso omiso de las recomendaciones de la OMS –«test, test, test»–, el asesor científico decía que hacer test no era adecuado para el Reino Unido. ¿Cómo es que el gobierno había dejado de dar cifras sobre mortalidad en el Reino Unido y otros países en mitad de la primera ola? En lugar de responder sinceramente que para el gobierno esas cifras eran políticamente bochornosas, el asesor decía que esas comparaciones eran engañosas y que, en cualquier caso, se podían consultar en otras partes. Los asesores acabaron siendo el negociado de relaciones públicas de un gobierno que le había fallado a su gente.

¿De verdad la ciencia británica es tan corrupta y dada a la connivencia? ¿Hay alguna alternativa a esta servil complicidad político-científica? La respuesta es que sí.

¿El objetivo del gobierno es acabar con la infección o gestionarla?, preguntó Sir David King en la primera conferencia de prensa del recién formado Grupo Asesor Científico Independiente para Emergencias (iSAGE, por sus siglas en inglés), celebrada en mayo. Ahora el Reino Unido tenía dos SAGE. El SAGE oficial, que ofrece asesoramiento científico con la finalidad de respaldar las decisiones del gobierno durante las emergencias, llevaba tres meses cada vez más desprestigiado. Esta pérdida de credibilidad se debía, en parte, a la reticencia del grupo a ser transparente en cuanto a sus participantes y sus actuaciones. En un momento de emergencia nacional, el generalizado secretismo del SAGE y su sumisión al gobierno llegaron a ser rotundamente inaceptables. La gente tenía derecho a conocer los hechos que fundamentaban los consejos al gobierno –consejos que no solo protegían vidas sino que también destruían medios de vida. Pero el SAGE oficial se deleitaba en la despreocupación de las élites. Mostraba una característica muy británica: una arrogancia indicativa de que los británicos poseen una superioridad innata con respecto a los demás. Rara vez un órgano públicamente constituido ha estado tan desconectado del deseo público de rendición de cuentas.

El SAGE Independiente hizo pública su composición antes de celebrar la primera reunión. El propio Sir David King había sido en otro tiempo asesor científico jefe del gobierno del Reino Unido, cargo ahora ocupado por Sir Patrick Vallance. Pero King había formado un grupo con más diversidad étnica y de género que el SAGE oficial, que parecía un club de hombres blancos. La versión nueva y más independiente del SAGE era asimismo más amplia en cuanto a los ámbitos científicos que abarcaba. La salud pública constituía su núcleo, pero incluía además expertos en modelos epidemiológicos, ciencias del comportamiento y políticas públicas.

Debido a este mayor alcance intelectual, las recomendaciones del iSAGE eran más pertinentes a la apurada situación del Reino Unido. La primera reunión fue transmitida a través de YouTube, lo que daba a la gente pleno acceso a las complicadas valoraciones necesarias para sacar al país del confinamiento. También puso de relieve las dificultades de los dirigentes políticos para acometer su tarea de garantizar que el país estuviera preparado por si se producía una segunda ola de la pandemia.

Aparte de solicitar aclaraciones sobre el objetivo global del gobierno en la gestión de la pandemia, las primeras propuestas del iSAGE se centraron en cinco áreas. En primer lugar, ¿cómo iba el gobiernos a garantizar la seguridad económica de los grupos marginados de la sociedad, entre ellos negros, asiáticos y poblaciones de minorías étnicas (un grupo que sufría una tasa de mortalidad por covid-19 cuatro veces mayor)? En el Reino Unido, ese virulento coronavirus había revelado, explotado y acentuado profundas desigualdades socioeconómicas y raciales. Como señalaba Zubaida Haque, «la red de seguridad económica existente no basta». Haque es subdirectora de Runnymede Trust y experta en igualdad racial. El gobierno no había prestado atención a los menos capaces de protegerse a sí mismos, sostenía.

Segundo, había que reforzar urgentemente los sistemas de salud pública y de atención primaria. Allyson Pollock, profesora de salud pública de la Universidad de Newcastle, señalaba que, durante la pasada década, la salud pública había sido muy castigada. Tercero, hacía falta mejorar la planificación a largo plazo para satisfacer las necesidades de quienes corrían más peligro de contagiarse –por ejemplo, aumentando la capacidad de los cuidados intensivos. Cuarto, había que aplicar medidas de control de las fronteras: en los puertos, los aeropuertos y los servicios ferroviarios a Europa.

Por último, debía moderarse el énfasis en las vacunas como estrategia de regreso a cierto nivel de normalidad aceptando que ninguna vacuna iba a ser la solución perfecta para terminar con la pandemia. Como subrayaba Deenan Pillay, profesor de virología del University College de Londres, aunque tuviésemos fabricada una vacuna ya a finales de 2020, era improbable que fuera segura y efectiva, y casi con toda seguridad no sería aceptada de manera universal. Aunque su idea pesimista no ha sido confirmada plenamente por los hechos –a finales de 2020 ya tuvimos vacunas con el 90 por ciento de eficacia–, su punto de vista más general sigue siendo válido: las vacunas son un instrumento importante para el control epidémico, pero deberán ser complementadas con comportamientos permanentes que reduzcan los riesgos de transmisión viral.

La justificación de King para crear un organismo rival del SAGE era la siguiente: asegurar la confianza pública en los consejos científicos al gobierno exigía que quienes daban esos consejos fueran independientes del gobierno.[18] En el SAGE oficial había demasiados funcionarios públicos. El SAGE permitía la participación del artífice del Brexit, Dominic Cummings, nombrado consejero político jefe por el primer ministro Boris Johnson. El SAGE oficial estaba hipotecado hasta las cejas.

La primera reunión del iSAGE estableció un criterio nuevo para la elaboración de políticas científicas. La transparencia del proceso, el vigor de la discusión y la identificación de los problemas apenas analizados por los políticos inyectaron una sinceridad muy necesaria en los debates públicos y políticos sobre la covid-19. Resulta difícil predecir la longevidad de este grupo nuevo. Durante todo el año 2020 ha estado trabajando y haciendo importantes recomendaciones sobre escalonamiento regional, test diagnósticos o escuelas. En todo caso, alcanzó su objetivo principal enseguida: el mismo día que celebró la primera reunión, el gobierno publicó los nombres de los miembros del SAGE oficial.

A la larga, algunos científicos de prestigio consideraron que la connivencia entre la ciencia y el gobierno era inaceptable, por lo que se desvincularon del asunto. El 22 de mayo, el premio Nobel Sir Paul Nurse dijo en el programa *Today* que el gobierno estaba «a la defensiva». «Quizás hay ahí una estrategia, pero yo no la veo», añadió. «Necesitamos imperiosamente un liderazgo claro a todos los niveles».

En febrero estuve en Ginebra con el director general de la OMS. El doctor Tedros estaba desesperado. Había recibido críticas por no haber declarado antes la PHEIC. Pero cuando lo hubo hecho, y a continuación solicitó la modesta suma de 675 millones de dólares para ayudar a la OMS a combatir la creciente epidemia global, los países pasaron por alto su petición. Al final, en la mayoría de los países se tomaron las medidas adecuadas para acabar con la primera ola de la pandemia; no obstante, sus gobiernos habían perdido un tiempo precioso. Se habrían evitado muchas muertes. El sistema falló. Cuando por fin una vacuna haya roto los ciclos de contención y reaparición del virus, cuando la vida haya vuelto a cierta normalidad, habrá que formular y responder a muchas preguntas peliagudas. Porque no podemos permitirnos fallar otra vez. Y quizá no tengamos una segunda oportunidad.

4
Primeras líneas de defensa

Una epidemia es un acontecimiento desastroso súbito, igual que un huracán, un terremoto o una inundación. Este tipo de sucesos revelan muchos aspectos de las sociedades en las que impactan. La tensión que provocan pone a prueba la estabilidad y la cohesión social.

Dorothy Porter, *Health, Civilization and the State* (1999)

Los países más afectados por la covid-19, ¿tuvieron simplemente mala suerte? No creo que el azar pueda exculpar completamente a los gobiernos. De todos modos, en este coronavirus y su forma de transmitirse hay una singularidad que vuelve su control particularmente difícil.

La gripe es una infección viral sencilla. Su propagación es previsible y su factor de reproducción se mantiene afortunadamente estable. Es decir, el número de infecciones secundarias se puede pronosticar con cierta fiabilidad a partir de un paciente cero. Sin embargo, el SARS-CoV-2 no es la gripe; y encima es desalentadoramente imprevisible. En lenguaje técnico, este coronavirus tiene en su transmisión un grado de variación superior al de la gripe. Dicho de modo más directo, solo el 10 por ciento de los infectados originan hasta el 80 por ciento de las infecciones, es decir, un gran número de personas contagiadas no contagian a nadie. El número R no es un método fiable para evaluar la difusión viral, lo cual acaso resulte sorprendente dadas las referencias casi obsesivas a dicho número R por parte de los gobiernos y sus asesores científicos. El hecho es que la covid-19 está sujeta a un fenómeno denominado «sobredispersión».

La «sobredispersión» alude al hecho de que ciertos individuos son supercontagiadores de la infección viral. Si una persona infectada está en el sitio adecuado y en el momento oportuno, turboalimentará la transmisión del virus. Se han acumulado pruebas de que en interiores mal ventilados y abarrotados donde se producen contactos prolongados entre las personas, sobre todo si se habla alto o se canta, el riesgo de contagio se multiplica de forma sustancial. En consecuencia, los hospitales, los restaurantes, los bares, las bodas, los servicios religiosos, los geriátricos, el transporte público, las residencias universitarias, los gimnasios y los hogares grandes multigeneracionales son sitios especialmente idóneos para la propagación de la enfermedad. Un número R bajo no descarta un episodio supercontagiador con un virus que exhibe sobredispersión.

Esto es muy importante para las políticas públicas. Determinados entornos suponen más riesgo que otros. Las intervenciones generales a escala social −confinamientos totales o parciales, disposiciones escalonadas− tal vez no siempre sean todo lo efectivas que cabía esperar. Si se trata de afrontar el riesgo de contagio, hemos de evitar los lugares concurridos, los espacios cerrados y los contactos estrechos, pues así contribuiremos en gran medida a reducir nuestras posibilidades de contraer la covid-19.

Aquí es donde el azar quizás haya desempeñado algún papel. Si un país sufrió unos cuantos episodios supercontagiadores tempranos, la infección pudo haber arraigado enseguida acelerándose de forma descontrolada antes incluso de que el sistema más sólido de salud pública lo advirtiera. Nunca sabremos si algunos países tuvieron mala suerte. Pero aun en este caso, del modo en que reaccionaron esos países se pueden extraer conclusiones.

¿Qué significa contar con un servicio de salud? Como mínimo representa el compromiso de la gente que vive en una sociedad (pasada y presente) con las ideas parejas de solidaridad y acción colectiva. Al decir «solidaridad» me refiero a los sentimientos de empatía y responsabilidad que todos tenemos y nos debemos unos a otros. La solidaridad se opone a los principios del individualismo y la competencia, que tanto dominan y determinan nuestra vida en los Estados nación capitalistas, incluso los autoritarios, del siglo XXI.

La existencia del desarrollo ininterrumpido de un sistema de salud, y su respaldo público, da a entender que estamos dispuestos a efectuar aportaciones personales (p. ej., mediante impuestos) a instituciones que protejan y mejoren no solo nuestra vida sino también la de otros miembros de la sociedad. Esta disposición a actuar en beneficio de otros es la segunda característica de un sistema de salud: el compromiso con la interdependencia y responsabilidad recíproca de unos respecto a otros así como con la acción colectiva necesaria para que estos sentimientos sean reales y tangibles.

Los cimientos de nuestra sociedad dependen de estos dos principios. La covid-19 ha puesto a prueba su resiliencia. Han fallecido muchas personas, muchas familias están de luto, la enfermedad ha afectado a comunidades enteras. Nos ha sobresaltado la capacidad de un virus para sumirnos en el caos, para privarnos de la vida y de la libertad, para destruir la economía. La covid-19 nos invita, nos exhorta, nos exige replantearnos quiénes somos y lo que valoramos.

Un cambio fundamental en nuestro modo de pensar seguramente tiene que ver con el concepto de seguridad. Desde el nacimiento del Estado nación, se ha identificado la seguridad con la protección de las fronteras nacionales de la soberanía política de cada país. Una enfermedad contagiosa como el SARS-CoV-2 trasciende los Estados, las fronteras y la soberanía. Un virus no tiene pasaporte ni puede sufrir una derrota militar pese a las frecuentes alusiones a la idea de un «enemigo invisible». Ninguna persona ni ningún país pueden sobrevivir en un «espléndido aislamiento».

La covid-19 nos ha enseñado a reinventar la seguridad en el sentido de que tiene que ver con las personas y las comunidades a un lado y otro de la frontera, con nuestra supervivencia, nuestros medios de subsistencia y nuestra dignidad. La enfermedad es una amenaza para la seguridad humana, y las pandemias son las amenazas más peligrosas. Las pandemias perturban todos los ámbitos de la sociedad, con lo que sus integrantes acaban lastimados y desvalidos. Proteger nuestra seguridad no tiene que ver solo con disponer de sólidas defensas militares. Nuestra seguridad también depende de unas instituciones sociales fuertes, y un sistema de salud efectivo es la defensa más importante que tenemos para proteger esa seguridad. Si no me creéis, pensad en la seguridad de vuestra familia.

El gobierno chino se quedó muy traumatizado por su experiencia con el SARS de 2002-2003; los dirigentes percibieron la amenaza que un virus podía suponer para su modelo político. El hecho de que la población aceptara que un gobierno limitara sus libertades políticas a cambio de un crecimiento económico anual de dos dígitos era un tipo muy particular de contrato social que conllevaba riesgos intrínsecos, ya que, si el crecimiento económico se veía amenazado, el contrato social que permitía al Partido Comunista Chino gobernar sin oposición correría peligro. El régimen chino no se había notado tan vulnerable desde los sucesos de la plaza de Tiananmén del 4 de junio de 1989. Sus líderes entendieron que «seguridad nacional» significaba «seguridad sanitaria». Por eso estaban preparados.

Cuando apareció el SARS-CoV-2, la primera reacción de los funcionarios locales de Wuhan fue eliminar las pruebas de su existencia. La vida de Li Wenliang permanecerá siempre como ejemplo de compromiso valiente por haber avisado a sus conciudadanos de la amenaza inminente. De todos modos, en cuanto las autoridades de Pekín –sobre todo las de la Comisión Nacional de Salud (Ministerio Chino de Salud), el Centro Chino de Control y Prevención de Enfermedades, y la Academia China de Ciencias Médicas)– se enteraron de lo que estaba sucediendo en la provincia de Hubei, reconocieron la amenaza. Si el virus arraigaba, habría que cortar las vías de transmisión viral para impedir que el sistema de salud se viera desbordado. El gobierno chino alcanzó ambos objetivos mediante una innovación engañosamente sencilla: el aislamiento en los hospitales-refugio «Fangcang».[1]

Estos inmensos hospitales provisionales, construidos a toda prisa en estadios deportivos y pabellones de exposiciones ya existentes, se utilizaron para separar de sus familias y centros de trabajo a los enfermos de covid-19. Allí se procuraban comida y atención médica básica, lo que permitía supervisar minuciosamente el curso de la enfermedad de los ingresados. Si un paciente empeoraba, era trasladado a un hospital provisto de las unidades de cuidados intensivos apropiadas.

En Wuhan, se construyeron tres de estos hospitales-refugio Fangcang, preparados para acoger, a principios de febrero, hasta 4.000 pacientes con un grado de la enfermedad entre leve y moderado. En las semanas siguientes, se inauguraron otros tres hospitales similares que aportaron 12.000 camas. A medida que la epidemia estuvo más controlada y fue bajando de intensidad, se fueron desmantelando dichos hospitales: el último se cerró a mediados de marzo.

¿Por qué ingresar a pacientes con una enfermedad leve en un hospital-refugio en vez de insistir en el aislamiento domiciliario? La explicación está en la manera en que se transmitía el virus. Si los centros de trabajo y los lugares públicos estaban cerrados, la mayoría de los contagios se producían en el seno de las familias. China captó la idea de la sobredispersión desde el principio. Si alguien se sentía enfermo, era fundamental sacarlo de un sitio donde pudieran originarse más transmisiones.

Los hospitales-refugio quitaban presión a las instalaciones sanitarias existentes. En torno al 80 por ciento de los pacientes con una enfermedad entre leve y moderada podían ser atendidos de forma efectiva y eficiente en esos hospitales provisionales, donde recibían asistencia médica básica y, si era necesario, oxígeno y líquidos intravenosos. Además, se les controlaban rigurosamente la temperatura, la frecuencia respiratoria, la saturación de oxígeno y la presión sanguínea. Las unidades móviles de diagnóstico daban acceso adicional a servicios de laboratorio y escáneres. Se podía detectar enseguida cualquier empeoramiento de un paciente, que en tal caso era trasladado de inmediato a un hospital provisto de instalaciones médicas más especializadas.

La organización de los hospitales-refugio Fangcang contribuyó enseguida a reducir el número básico de reproducción, R, del SARS-CoV-2. Se salvaron vidas, sin duda. Los hospitales estaban dotados de médicos y enfermeras traídos desde fuera de Wuhan. Como señaló un grupo de médicos chinos implicados en la organización y la provisión de cuidados a pacientes de covid-19, «de adoptar la idea de los hospitales-refugio Fangcang, muchos países y poblaciones de todo el mundo podrán mejorar su respuesta a la pandemia de la covid-19 así como a epidemias y desastres futuros».

Por desgracia, muchos países afectados por la covid-19 fueron incapaces de reaccionar de forma tan ágil y creativa. Por ejemplo, los países occidentales basaron su estrategia en aconsejar el autoaislamiento de los infectados por coronavirus. Sin embargo, a medida que la pandemia proseguía, la confianza en los gobiernos se iba debilitando y cundía la fatiga, de manera que muchas personas, quizá la mayoría, dejaron de atender estos consejos. Los gobiernos eran reacios a exigir estrictamente el autoconfinamiento. Como consecuencia de ello, los países occidentales fueron incapaces de poner en cuarentena a los infectados. Fueron incapaces de controlar la epidemia.

Aunque el epicentro de la pandemia era Wuhan, el virus se propagó con rapidez a otros países asiáticos. El 23 de enero, Singapur confirmó su primer caso importado de covid-19. Se prohibieron los vuelos de llegada a la ciudad-Estado. Se identificaron varios focos de la enfermedad, y se puso en cuarentena a los contactos estrechos. En abril se impuso un confinamiento «cortacircuitos» que duró hasta junio. Aunque existe la opinión generalizada de que Singapur dio una de las respuestas más satisfactorias a la covid-19 –el número de fallecimientos por cada 100.000 habitantes era 0,5, una cifra bajísima–, sus dirigentes políticos efectuaron una supervisión desastrosa, lo que de nuevo evidenció la vulnerabilidad de las personas más marginadas de la sociedad: no se prestó atención a los trabajadores inmigrantes. En Singapur hay más de 300.000 trabajadores extranjeros mal pagados procedentes sobre todo de países del sudeste asiático, como la India o Bangladés, que viven en alojamientos atestados dotados de pocas protecciones sanitarias. Cuando apareció el virus, estaban plenamente expuestos. Debido a ello, de los 60.000 contagios de Singapur más del 90 por ciento se cuentan entre los trabajadores sanitarios inmigrantes. La ceguera del gobierno ante la desigualdad dentro de su territorio empañó una respuesta, por lo demás, ejemplar.

Hong Kong también siguió la recomendación de «test, test, test». Los que daban positivo por coronavirus cumplían cuarentena en un hospital. A los contactos se les localizaba y se les exigía que se autoaislaran. Las fronteras fueron objeto de un control estricto: a todo aquel que llegara procedente de un país con casos de covid-19 se le exigía que se pusiera en cuarentena durante catorce días. Las instalaciones para pasar las cuarentenas se ampliaron. Se cerraron las escuelas y se animó a la gente a trabajar en casa. No se impuso formalmente ningún confinamiento. En vez de ello, la población decidió por propia voluntad modificar su conducta, evitar reuniones masivas y llevar mascarilla. De nuevo, gracias a la perspicaz acción gubernamental, Hong Kong fue capaz de mantener justo por encima de cien su cifra total de muertes por covid-19. Las lecciones del SARS de dos décadas antes habían sido asimiladas con éxito.

El coronavirus llegó a Taiwán el 21 de enero. Según el Centro de Recursos sobre el Coronavirus de la Universidad Johns Hopkins, a finales de 2020 se habían producido 600 contagios confirmados y siete fallecimientos, cuya proporción de 0,03 por cada 100.000 habitantes era asombrosamente baja (por hacer una comparación, en Bélgica los muertos fueron 128 por cada 100.000). Por ello, la respuesta del gobierno taiwanés ha sido muy elogiada y con razón, toda vez que puso al país en alerta máxima en enero, cuando comenzaron a conocerse los primeros informes de covid-19 procedentes de la China continental. Los que entraban en el país eran revisados para detectar una posible infección. Después del 21 de enero, Taiwán suspendió todos los viajes aéreos a China y confinó a cualquiera que llegase desde el continente. Se garantizó el suministro de equipos de protección individual, se generalizó el mantenimiento de la distancia física, se cerraron las escuelas, se crearon centros de cuarentena y se obligó a llevar mascarilla en el transporte público. El gobierno se mantuvo vigilante. A finales de 2020, Taiwán insistía en que todos los que entraran en el país debían mostrar a las autoridades un test negativo de covid-19 en el plazo de tres días desde la llegada. Chen Chien-jen, vicepresidente de Taiwán, es epidemiólogo. Su conocimiento de la amenaza que suponía esta pandemia similar al SARS seguramente fue crucial en la respuesta del país. Sin embargo, como su condición de observador en las reuniones de la OMS está bloqueada por el gobierno chino de Pekín, el mundo no tendrá la oportunidad plena y completa de conocer los detalles del éxito de Taiwán.

En Corea del Sur, la epidemia dio un giro extraño. Entre el 19 de enero y el 18 de febrero, el país notificó solo treinta casos y ningún fallecimiento. La paciente número 31 lo cambió todo. En el espacio de diez días hubo 2.300 casos. La paciente 31 era una supercontagiadora, es decir, alguien que transmite el virus a un número de personas muy superior al previsto por el R_0. La mujer había viajado desde Wuhan a Seúl y Daegu, acudió a un hospital con motivo de un accidente de tráfico, asistió a un servicio religioso (con otras 1.100 personas en la Iglesia Shincheonji de Jesús) y se alojó en un hotel. La reacción del gobierno fue decidida y exhaustiva. Había asimilado las duras lecciones de un brote de MERS acontecido en 2015. Se formó una fuerza operativa en la que figuraban todos los ministros y las administraciones regionales y municipales. Este énfasis en la coordinación y la transparencia funcionó. La principal enseñanza del MERS era la importancia de las pruebas diagnósticas y los rastreos, junto a un autoaislamiento riguroso. Se cerraron las escuelas, pero no se impuso ningún confinamiento. La primera ola de la epidemia alcanzó su nivel máximo el 29 de febrero, pero en agosto regresó con ganas y ha seguido cociéndose a fuego lento. «Nuestros esfuerzos contra el coronavirus están sufriendo una crisis», dijo en noviembre Chung Sye-kyun, primer ministro de Corea del Sur. El primer caso de covid-19 de Japón, diagnosticado el 16 de enero, fue un ciudadano japonés que había regresado de Wuhan. El entonces primer ministro Shinzo Abe actuó con rapidez y creó una Fuerza Operativa Nacional Anticoronavirus. En febrero se cerraron las escuelas. En abril, el gobierno declaraba el estado de emergencia. La política de contención, seguida de la prevención, el tratamiento y la mitigación, surtió efecto. Muy pronto se realizaron muchos test. La observancia de las normas, basada en orientaciones sobre la higiene, el uso de mascarillas y la distancia física, era considerable. Como consecuencia de ello, Japón registró un índice de mortalidad por la covid-19 muy bajo: solo 1,5 fallecimientos por cada 100.000 personas. Y lo consiguió sin imponer los agotadores confinamientos aplicados en el conjunto de Europa. No obstante, la pandemia sí se cobró una víctima: los Juegos Olímpicos de 2020 se aplazaron hasta 2021.

Lo de Nueva Zelanda fue un éxito aún más increíble. A finales de 2020, este país de cinco millones de habitantes había tenido solo 2.000 casos de covid-19 y 25 muertes, es decir, la tasa de mortalidad por 100.000 personas era bajísima: 0,5. La primera ministra, Jacinda Ardern, reaccionó con rapidez y firmeza después de que el 28 de febrero se notificase el primer caso, una mujer que había vuelto a casa desde Irán a través de Indonesia. El 21 de marzo, Ardern había subido el nivel de alerta del país y puesto en marcha un programa nacional de test, rastreo y aislamiento. El 23 de marzo, se habían notificado 102 casos. Esto bastó para decretar un confinamiento. «Tenemos solo 102 casos», dijo Ardern, «pero también los tuvo Italia en un momento dado». Actuó con rapidez y contundencia. Quince días después de la confirmación del primer caso, inició una estrategia progresiva de intervenciones no farmacológicas. Cerró las fronteras del país. Y el 25 de marzo declaró el estado de emergencia nacional. La epidemia alcanzó su nivel máximo a principios de abril, y el 15 de mayo Nueva Zelanda estaba recuperando una vida aceptablemente normal. El 9 de agosto, el país llevaba cien días sin transmisión comunitaria del SARS-CoV-2: se había conseguido eliminar al virus.[2] Desde entonces se han notificado algunos brotes, pero un equilibrio sensato de niveles de alerta y libertades económicas ha permitido al país sortear la pandemia con bastante éxito. Una respuesta enérgica y temprana posibilitó una relajación rápida mientras se mantenían unos controles fronterizos estrictos. Ardern es de los pocos líderes políticos que ha salido de la covid-19 con el prestigio reforzado. También le acompañó la fortuna. Nueva Zelanda es un país relativamente aislado con poca densidad de población. En cualquier caso, sus mensajes públicos claros, coherentes y llenos de confianza fueron un modelo de coreografía política en una crisis. En octubre de 2020, los neozelandeses votaron en unas elecciones generales. Ardern obtuvo un triunfo aplastante.

Los primeros casos australianos de covid-19 fueron notificados en enero de 2020. La primera muerte del país se había producido el 1 de marzo. A finales de año, Australia había mantenido su número de fallecimientos por debajo de mil, con un índice de mortalidad de cuatro por cada 100.000 personas, un resultado que era, si no sumamente satisfactorio como los de otros países asiáticos, sí muy encomiable. El gobierno lo hizo bien porque actuó de inmediato: en marzo puso en práctica medidas «ralentizadoras de la propagación». Se impusieron gradualmente normas de confinamiento, se cerraron las escuelas y se implantaron estrictos controles fronterizos. En abril, las cifras de casos de covid-19 ya estaban disminuyendo. En junio llegó una segunda ola, y en julio se impuso en Melbourne un segundo confinamiento que duró 112 días. Esta segunda ola resultó mucho más mortal. En general, Australia parecía haber emulado los éxitos de sus vecinos. No obstante, había un ámbito en el que era vulnerable. Más de dos terceras partes de los fallecimientos se habían producido en residencias de ancianos (sobre todo en el estado de Victoria). Las razones son controvertidas, pero desde luego tuvo mucho que ver la creación en 1997 de un mercado libre de atención social, que desregulaba el sector y lo convertía en un negocio rentable. Los estándares de atención bajaron. El control de la infección era pésimo. Y el personal era poco cualificado. En Australia, la asistencia a las personas mayores había llegado a ser un negocio multimillonario externalizado en el sector privado. Una Comisión Real sobre Calidad y Seguridad en el Cuidado de Ancianos calificó de «deplorable» la atención a las personas mayores en la época de la covid-19.

Cuando el virus llegó a Europa, varios países se vieron desbordados sin más. La primera persona diagnosticada, el 20 de enero de 2020, era una empleada de un concesionario de automóviles que, procedente de Shanghái, China, había visitado las oficinas centrales de su empresa en Baviera, Alemania. Se había contagiado de SARS-CoV-2 en Shanghái (después de que sus padres llegaran desde Wuhan para verla) y había transmitido el virus a un hombre alemán, que daría positivo el 27 de enero. El virus también entró en Europa por una segunda ruta independiente. Italia padeció una catástrofe humanitaria en toda regla después de que, a finales de febrero, se produjera el primer brote importante en la región de la Lombardía.

Europa sufrió mucho, lo pasó realmente mal. Un equipo de científicos dirigido por Majid Ezzati, del Imperial College de Londres, ha completado un análisis exhaustivo del desempeño de los países europeos durante la primera ola,[3] en la cual fallecieron 206.000 personas más de las que habría cabido esperar si no hubiera tenido lugar la pandemia. Las muertes estaban distribuidas de forma pareja entre hombres y mujeres. Ezzati identificó cuatro grupos de países. En el primero se apreciaba la cifra máxima de mortalidad, definida como los fallecimientos debidos a todas las causas, no solo la covid-19. Es importante conocer la mortalidad por todas las causas, pues así tenemos en cuenta las muertes resultantes de dolencias que acaso no hayan sido atendidas apropiadamente debido al colapso de los servicios sanitarios. Durante la primera ola, por ejemplo, fueron habituales los cánceres no diagnosticados o las cardiopatías no tratadas. El grupo de países con la mortalidad más elevada por todas las causas lo formaban Bélgica, Italia, España, Inglaterra y Gales, y Escocia. Inglaterra y Gales, Italia y España daban cuenta del 28, el 24 y el 22 por ciento de este exceso de muertes, respectivamente. Un segundo grupo de países presentaba un nivel de mortalidad general inferior, si bien todavía bastante alto: Francia, Países Bajos y Suecia. Una tercera categoría tenía unos índices de mortalidad aún más bajos: Austria, Suiza y Portugal. Y un último grupo evitó milagrosamente cualquier aumento detectable de mortalidad por todas las causas: Bulgaria, Eslovaquia, República Checa, Hungría, Polonia, Noruega, Dinamarca y Finlandia. ¿Cómo se explican estas diferencias?

Según Ezzati y sus colegas, para entender por qué a unos países les fue bien mientras otros fallaron tan estrepitosamente hay que contemplar tres elementos. Un grupo de determinantes de la muerte es la edad de referencia y la salud de la población. La covid-19 mata a los más viejos, más enfermos y más pobres. Si la población de un país es más mayor y tiene otras patologías, sobre todo enfermedades relacionadas con la presión sanguínea, el corazón, la obesidad y otras de carácter crónico, la mortalidad por todas las causas será superior, especialmente entre aquellos que sufran privaciones materiales o sociales. Esto es la sindemia –una síntesis de epidemias– en acción. De todos modos, los países europeos no muestran diferencias que acrediten la gran variabilidad en los resultados concernientes a la covid-19.

Otra explicación podría ser la respuesta de los gobiernos a la pandemia. De hecho, las diferencias con respecto a las medidas políticas tomadas sobre la covid-19 ayudan mucho a entender por qué Bulgaria lo hizo mucho mejor que Inglaterra y Gales. La cronología y el rigor del confinamiento, junto al grado de efectividad del sistema nacional de test, rastreo y aislamiento, tuvieron una influencia decisiva en la mortalidad final. En pocas palabras, los países que intervinieron más deprisa, con más firmeza y de forma más ágil en la realización de pruebas diagnósticas evitaron más muertes.

Un posible tercer factor es la fuerza y la resiliencia de los sistemas sanitario, de salud pública y de asistencia social. Austria, por ejemplo, contaba con el triple de camas hospitalarias por habitante que Inglaterra y Gales, por lo que fue mucho más capaz de absorber el impacto de la pandemia. En Inglaterra, el NHS echó efectivamente el cierre para satisfacer la demanda prevista procedente de enfermos de covid-19. Debido a ello murió mucha gente. Como sucediera en Australia, las residencias de mayores fueron una fuente de muertes evitables en España, el Reino Unido, Bélgica, Italia, Francia y Suecia. La preparación del sistema sanitario y de la asistencia social también tuvo mucho que ver con el éxito o el fracaso de la reacción de un país ante la pandemia.

El 14 de marzo, España declaró el estado de emergencia e impuso un confinamiento total. Pero el sistema sanitario no estaba preparado: las muertes diarias llegaron a ser 700. Todavía el 8 de marzo, el gobierno había permitido a cientos de miles de personas participar en manifestaciones en todo el país con motivo del Día Internacional de la Mujer. Como los trabajadores sanitarios apenas disponían de equipos de protección individual, en mayo ya había en su seno 50.000 contagiados. El sistema sanitario convencional estaba trastocado. Por otro lado, las residencias de gente mayor se convirtieron en puntos de vulnerabilidad muy concretos.

En Madrid, una pista de patinaje sobre hielo fue destinada temporalmente a morgue de emergencia. El 9 de abril, Médicos sin Fronteras avisó encarecidamente a las autoridades españolas de que en los hospitales y las residencias había ciudadanos que estaban muriéndose solos, sin sus familias. A medida que la epidemia fue menguando, quedó claro que el gobierno español había infravalorado mucho la rapidez con que el virus podía propagarse y la gravedad de la enfermedad que provocaba. En España, el primer caso de covid-19 se notificó el 31 de enero, y el primer fallecimiento el 13 de febrero. Y a pesar de ello, los políticos, incluso los científicos, fueron incapaces de responder a esas alertas tempranas.

A medida que en verano la cifra de muertos en España iba en aumento, también sonaban con más fuerza las peticiones de una investigación a escala nacional. En primera línea de este llamamiento estaba una activista e investigadora de salud global, Helena Legido-Quigley, que en agosto reunió a un distinguido grupo de científicos médicos españoles y antiguos asesores del gobierno para exigir una evaluación independiente de la respuesta de España ante la covid-19. Legido-Quigley quería una investigación sobre las decisiones tomadas por el gobierno central y los gobiernos de las diecisiete comunidades autónomas del país. No se trataba de buscar culpables; el estudio «debía identificar áreas en que había que reforzar la salud pública y los sistemas sanitario y de asistencia social». El primer ministro, Pedro Sánchez, ignoró la invitación a aprender de la difícil situación española. En octubre, cuando los casos se dispararon de forma incontrolada, se vio obligado a declarar el estado de emergencia e imponer en Madrid un confinamiento parcial.

En Francia, el brote comenzó a principios de febrero, más o menos al mismo tiempo que en Corea del Sur. Jean-Paul Moatti, antiguo director y presidente del prestigioso Instituto Nacional de Investigación para el Desarrollo Sostenible, se mostró muy crítico con la respuesta del gobierno francés: «En Francia no se adoptó la estrategia surcoreana de pruebas masivas, rastreo de contactos y distancia física», escribía. En vez de ello, Francia decretó un confinamiento el 17 de marzo. El país no disponía de suficientes laboratorios para realizar pruebas diagnósticas masivas; en todo caso, el gobierno afirmaba que esas pruebas a gran escala no eran necesarias. A finales de marzo, cambió de postura. El 10 de marzo, el presidente Macron creó un Consejo Científico, entre cuyos miembros se incluían expertos médicos de ámbitos que iban de la inmunología a la salud pública, de la virología a la epidemiología, o de las enfermedades infecciosas a los cuidados intensivos. Había también representantes no médicos de la sociedad. Todas las recomendaciones del Consejo se publicaban. Sin embargo, aunque las autoridades francesas fueron capaces de controlar la primera ola con éxito, el país sufrió más adelante una grave segunda ola que empezaría en agosto. En octubre se impuso un segundo confinamiento. A finales de 2020, en Francia había habido más de 60.000 muertes a causa de la covid-19, 95 por cada 100.000 habitantes, una de las peores cifras de Europa.

Una singularidad de la difícil situación francesa fue el enconado debate sobre el uso de la hidroxicloroquina. En marzo, Didier Raoult, experto en enfermedades infecciosas afincado en Marsella, aseguró conocer la «jugada final» para resolver la pandemia de covid-19. Partiendo de lo que para la mayoría de los expertos es una investigación de mala calidad, Raoult propuso como tratamiento una combinación de hidroxicloroquina y azitromicina. Sin embargo, en junio, un ensayo clínico británico demostró que este medicamento no ofrecía ventajas significativas en el tratamiento de los enfermos de coronavirus. Ahora Raoult se enfrenta a diversos procedimientos disciplinarios, acusado de difundir información falsa.

En Alemania, el brote de la covid-19 se inició con una mujer china que el 19 de enero había viajado a Baviera desde Shanghái, donde se había reunido con sus padres, procedentes de Wuhan. El 27 de enero se confirmó el primer caso de infección. Un mes más tarde, después de limitar los viajes a Wuhan, el gobierno alemán constituyó un comité de gestión de la crisis que elaboró un Plan Pandémico Nacional. El número de casos siguió aumentando, de modo que el 13 de marzo ya eran más de tres mil. Una semana después se impusieron diversas restricciones, entre ellas el cierre de escuelas, discotecas y bares. Se reforzaron los controles fronterizos. Se prohibieron los actos con más de cincuenta personas. El 16 de marzo tuvieron que cerrar las tiendas y las iglesias. El 18 de marzo, la canciller Angela Merkel dijo que la covid-19 era para Alemania el reto más importante desde la Segunda Guerra Mundial. Se decretó una «prohibición de contactos».

El número de contagiados seguía aumentando, si bien el ritmo del aumento comenzó a estabilizarse. El 3 de abril habían fallecido 1.100 alemanes. El 11 de abril, esa cifra se había duplicado con creces: había llegado a 2.736. No obstante, el 15 de abril Merkel ya pudo relajar las restricciones. Algunas tiendas y escuelas empezaron a reabrir parcialmente. Por lo visto, Alemania había evitado la catástrofe padecida por sus vecinos.

¿Cómo es que Alemania no corrió la misma suerte que el Reino Unido, Italia o Francia? Alemania empezó a efectuar pruebas diagnósticas, rastrear contactos y aislar a contagiados ya a principios de febrero. El gobierno recomendó la distancia física y una cuarentena de catorce días antes que la mayoría de los demás países. Además, su bien financiado sistema sanitario tenía suficiente capacidad de cuidados intensivos para salir adelante. La canciller Angela Merkel, también científica, emitía mensajes públicos claros y precisos. La respuesta estuvo coordinada eficazmente por el prestigioso Instituto Robert Koch. En consecuencia, se cortaron enseguida las vías de transmisión viral. La estructura federal del país quizá también haya tenido algo que ver. La epidemia fue gestionada a escala local, en los municipios más que exclusivamente desde Berlín. Las ciudades organizaron sus propios centros para pruebas diagnósticas, a cuyo fin crearon una red de 170 laboratorios repartidos por todo el país. A pesar de estas buenas razones, el aterrizaje suave de Alemania tras la pandemia siguió siendo una especie de enigma. Si llegaba una segunda ola, ¿estaría el país tan bien preparado y sería tan afortunado?

A finales de 2020, aunque Alemania experimentó efectivamente una segunda ola que exigía «romperla» o un confinamiento parcial, puede reivindicar con razón haber sido el país europeo que ha manejado la pandemia de manera más satisfactoria. Alemania sufrió casi 33.000 fallecimientos, muchos menos que sus vecinos Francia, España o el Reino Unido. Pero lo más llamativo de todo es que tuvo solo 39 muertes por cada 100.000 habitantes. Quizá lo más curioso es que para mucha gente no haya tantos motivos de admiración. En Alemania se han producido protestas generalizadas contra las medidas de seguridad del gobierno. Y está creciendo un movimiento antivacunas.

Suecia fue otro caso atípico aunque por otras razones. Anders Tegnell, el epidemiólogo jefe del país, ha sido acusado de practicar una política que buscaba la inmunidad comunitaria, o de rebaño, que provocó más de 400.000 casos de covid-19 a finales de 2020. Sin embargo, esto no es justo ni del todo cierto. El primer caso de covid-19, una mujer que había regresado de Wuhan, fue diagnosticado el 31 de enero. Aunque no se decretó ningún confinamiento nacional, Tegnell emitió una serie de recomendaciones muy claras que la mayoría de la gente ha respetado: limitaciones en las reuniones masivas, cierre de las escuelas secundarias y las universidades, teletrabajo, evitación de viajes innecesarios y distancia física. Se ponía más énfasis en la responsabilidad individual que en las instrucciones políticas. Se trataba de una apuesta fuerte, y empezó a apreciarse un rechazo frontal. Los ciudadanos más mayores receptores de asistencia social resultaban especialmente afectados. En mayo, la mitad de los fallecimientos por covid-19 habían tenido lugar en residencias de ancianos. A finales de año, en Suecia se habían producido más de 8.000 muertes, 83 por cada 100.000 habitantes (las cifras correspondientes de sus vecinos escandinavos, Noruega y Dinamarca, eran 6 y 13, respectivamente). Para enfrentarse a la pandemia, Suecia había escogido un camino diferente: orientaciones discretas más que normas estrictas. Los libertarios políticos de otros países elogiaban a Tegnell y se valían de la estrategia sueca para fustigar a sus respectivos gobiernos partidarios de los confinamientos. No obstante, quienes celebraban los éxitos suecos se precipitaban. Hacia finales de 2020, sus índices de contagio superaban los de España o el Reino Unido. Aumentaron las hospitalizaciones y las muertes. No se alcanzó la inmunidad de rebaño. Se aconsejaron confinamientos voluntarios. La segunda ola resultó devastadora para el país. La apuesta de Suecia había fracasado.

Pese a tener una población de 1.400 millones de personas, parece que la India ha tomado un rumbo muy seguro en su combate contra la pandemia. El primer caso del país se notificó el 30 de enero. El gobierno cerró enseguida sus fronteras internacionales, y la OMS elogió un posterior confinamiento, el mayor del mundo, calificándolo de «duro y oportuno». Gracias a ese confinamiento, el gobierno pudo prepararse con tiempo para el posible aumento de casos. Aun así, la población tan diversa de la India, sus tremendas desigualdades sanitarias, las crecientes brechas económicas y sociales y los diferenciados rasgos culturales suponían desafíos extremos.

Aunque es un país, a decir verdad la India es una nación de naciones: 28 estados cuasi autónomos y ocho territorios de la unión. En cuanto a la preparación y la respuesta, a escala estatal surgieron diferencias importantes y a menudo llamativas. En Kerala, por ejemplo, las autoridades estatales, aprovechando su experiencia con el brote de Nipah de 2018, utilizaron las pruebas diagnósticas masivas, el rastreo de contactos y la movilización comunitaria a fin de contener el virus y mantener el índice de mortalidad en niveles bajos. Gracias a la exposición de Odisha a desastres naturales anteriores, los preparativos de este estado para la crisis ya estaban establecidos; solo hubo que readaptarlos a la covid-19. Se requisaron enseguida ciertos hospitales que solo se dedicarían a atender a enfermos del coronavirus. Maharashtra, que estaba teniendo el mayor número de casos diagnosticados, utilizó drones para supervisar la distancia física durante el confinamiento y aplicó una estrategia de contención de brotes para controlar la enfermedad en un área geográfica definida. Si se identificaban tres o más pacientes positivos de covid-19, en un radio de tres kilómetros en torno a la casa de los afectados se inspeccionaban todos los domicilios durante catorce días para detectar nuevos casos, rastrear contactos y aumentar la concienciación ciudadana.

En Rajastán se impuso el toque de queda y la prohibición de escupir. Uttar Pradesh, el estado más poblado de la India, incrementó su capacidad para realizar pruebas de laboratorio. No obstante, dada las limitadas posibilidades generales de diagnóstico en el país, la escasez de trabajadores en la salud pública y ciertas características peliagudas de la enfermedad –entre ellas los casos leves y asintomáticos y la rápida propagación–, es improbable que los estados sean capaces de alcanzar los niveles de excelencia operativa necesarios para controlar del todo el brote. En cualquier caso, diversos sectores de la sociedad civil dieron una respuesta extraordinaria. Para combatir las noticias falsas sobre la pandemia, la Respuesta de los Científicos Indios a la covid-19 acabó siendo una iniciativa popular para neutralizar la desinformación. El mérito de la respuesta parcialmente satisfactoria del país hay que atribuírselo sobre todo a los estados. Los demás países pueden aprender importantes lecciones de la India.

Una deficiencia de la respuesta india a la covid-19 fue el bajo índice de pruebas diagnósticas. Una limitación adicional era la grave carencia de trabajadores sanitarios; y aún otra, el hecho de que muchísimas personas vivían en barrios marginales sin posibilidad de distancia física. La repentina imposición del confinamiento por parte del gobierno también perjudicó a poblaciones ya de por sí vulnerables. Se produjo un éxodo masivo de trabajadores migrantes, y entre quienes trabajaban en la economía sumergida aumentó la preocupación por el hambre. Siempre cuesta poner en práctica medidas de salud pública en sitios donde las personas viven hacinadas y la higiene y el saneamiento no son suficientes. Los servicios sanitarios ajenos a la covid-19 se vieron desbaratados. También se utilizó la pandemia para avivar los sentimientos y la violencia contra los musulmanes después de que una reunión vinculada al grupo Tablighi Jamaat fuera identificada como origen de un brote importante de casos. No obstante, gracias al hecho de que la población de la India es relativamente joven –dos terceras partes de sus habitantes tienen menos de treinta y cinco años–, es muy posible que el país haya estado protegido contra una crisis sanitaria mucho más grave.

En cuanto a los EE.UU., las imágenes de improvisadas fosas comunes en el estado de Nueva York, mientras se estaban cavando y llenando de ataúdes de madera sacados de camiones frigoríficos por presos ataviados con trajes protectores, acaso sea lo que mejor resuma la lamentable respuesta de la administración del presidente Trump. Su sugerencia de que a los enfermos de covid-19 quizá convenía ponerles inyecciones de desinfectante, realizada en una conferencia de prensa el 24 de abril, definió la astracanada en que se había convertido la respuesta política norteamericana. En mayo, Trump dijo que el «ataque» de la covid-19 era peor que los de Pearl Harbor y el 11-S. La reacción de los EE.UU. ha sido tan patética como sorprendente. Los sondeos de opinión colocaban solo a Boris Johnson y Xi Jinping por debajo del presidente Trump en cuanto a confianza. Una superpotencia –o al menos su reputación– ha muerto a manos de un virus.

En otras partes hubo cierto caos. Jair Bolsonaro, presidente de Brasil, respondió a una pregunta sobre el rápido aumento de casos de covid-19 diciendo: «¿Y qué? ¿Qué quieren que haga?». En Rusia, el presidente Putin tuvo que afrontar una crisis económica que amenazaba la estabilidad de su gobierno. También se vio obligado a suspender las celebraciones del Día de la Victoria, el 9 de mayo, que habrían reforzado triunfalmente su enmienda a la constitución, concebida para mantenerle en el cargo hasta 2036.

Una importante consecuencia de la emergencia sanitaria de la covid-19 fue que puso el foco en los individuos y las poblaciones más vulnerables de la sociedad. En el Reino Unido, por ejemplo, se «amparó» a 1,3 millones de personas. En este grupo se incluían los que habían sufrido un trasplante de órgano, los enfermos de ciertos tipos de cáncer y quienes estaban siguiendo tratamiento de quimioterapia o radioterapia, las personas con afecciones respiratorias graves, los que padecían enfermedades raras y por tanto corrían más peligro de contagiarse, y las mujeres embarazadas. A todos ellos se les aconsejó que permanecieran aislados y evitaran contactos directos durante al menos tres meses.

En todo caso, ¿quién ha de ser considerado «vulnerable»? Según algunos críticos, la definición de «persona en riesgo» debería ser mucho más amplia. Por ejemplo, se sabía que los pacientes de más edad presentaban un mayor riesgo de complicaciones y de muerte por covid-19. En el conjunto de la población británica, había 5,7 millones de individuos de más de setenta años. También eran vulnerables, por supuesto. Además, la epidemiología de los fallecimientos por covid-19 ponía de manifiesto una clara relación entre sufrir una afección subyacente y la muerte. Otros 2,7 millones de personas de menos de setenta años padecían enfermedades como las cardiopatías o la diabetes. Por tanto, la cifra total de personas vulnerables en el Reino Unido era muy superior: 8,4 millones.[4] ¿Y qué hay de los residentes en centros asistenciales, los indigentes, los presos o los individuos con problemas mentales graves? Pues el radar del gobierno no los detectaba.

Si el NHS ha afrontado la emergencia más grave desde su creación en 1948, el sistema de asistencia social ha sufrido nada menos que un cataclismo, que ha tenido lugar sin que ningún político pareciera saber o entender qué estaba pasando. De todos modos, a finales de abril la magnitud de la tragedia en la asistencia social ya estaba clarísima.

El 28 de abril, la Oficina Nacional de Estadística informó de que, hasta el 17 de ese mismo mes, habían muerto 2.906 personas en residencias de ancianos por causas relacionadas con la covid-19. Según diversos datos adicionales, entre el 18 y el 24 de abril se habían producido, en ámbitos de servicios sociales, otros 2.375 fallecimientos relacionados con la covid. En total, desde el 10 al 24 de abril, fallecieron 4.343 personas en residencias de ancianos y centros de asistencia social debido a efectos directos de la pandemia. Mientras las muertes hospitalarias llegaron a su nivel máximo en torno al 10 de abril y se empezaba a observar un lento descenso, la epidemia que arrasaba los hogares de la tercera edad solo estaba en sus inicios. Uno de los legados perdurables de la covid-19 será la silenciosa destrucción humana que ha provocado en los miembros más mayores y desprotegidos de nuestra sociedad.

Las mujeres y los hombres negros y asiáticos eran cuatro veces más susceptibles de morir de covid-19 que sus equivalentes blancos. Este riesgo añadido en determinadas comunidades étnicas se cruza con desigualdades sociales preexistentes. Tras tener en cuenta la edad y otras características socioeconómicas, el riesgo de fallecimiento de hombres y mujeres de raza negra por covid-19 se reducía al doble que en el caso de los blancos. La Oficina Nacional de Estadística llegó a la conclusión de que «la diferencia entre los grupos étnicos en cuanto a la mortalidad por covid-19 deriva en parte de carencias socioeconómicas y otras circunstancias, si bien de esa diferencia todavía no se han explicado algunos aspectos». Casi dos tercios de los trabajadores sanitarios fallecidos pertenecían a una minoría étnica. El gobierno del Reino Unido ha puesto en marcha una investigación para averiguar por qué las comunidades negras y étnicas minoritarias corren especial peligro.

Todos los gobiernos que decretaron el confinamiento de su población adoptaron un mensaje similar: quédate en casa. Sin embargo, este mensaje quizá falló. La gente se quedó en casa, en efecto, aunque tuviera síntomas de alguna enfermedad fatal, como un ataque cardíaco, un derrame cerebral o cáncer. La verdadera cifra de muertes debidas a la pandemia tendrá que incluir a los que no recibieron la atención de urgencia que tan urgentemente necesitaban. La sombra de la pandemia en la sociedad será oscura y alargada.

Los trabajadores sanitarios estaban escandalosamente desprotegidos. Ningún otro grupo social corría un peligro más inminente que el formado por aquellos cuya actividad consistía en atender a pacientes de covid-19. Sin embargo, en muchos países eran los más indefensos. La OMS había recomendado normas estrictas para los EPI que debían haber estado a disposición de los trabajadores sanitarios: traje de protección completo, mascarilla y visera con prueba de ajuste y guantes de goma. No obstante, en numerosos países lo único que había eran delantales de plástico que dejaban al descubierto los brazos y las piernas, mascarillas quirúrgicas inapropiadas y guantes de goma que no tapaban bien los brazos.

Los trabajadores sanitarios estaban indefensos porque, tras la declaración de la PHEIC, los gobiernos no les habían suministrado suficientes equipos protectores. Se trataba de un pasmoso acto de omisión administrativa que, en algunos de los países más afectados, sin duda se cobró la vida de montones de trabajadores sanitarios. En las ruedas de prensa diarias de Downing Street 10, los ministros afirmaban que estaban distribuyéndose equipos de protección individual en la primera línea de la atención sanitaria y que los profesionales de la salud estaban seguros. En el mejor de los casos, estas declaraciones resultaron ser promesas exageradas; en el peor, mentiras flagrantes.

Cuando durante el mes de marzo la epidemia se afianzó en el Reino Unido, recibí cientos de mensajes de trabajadores sanitarios de la primera línea del NHS, un grito colectivo de angustia sobre su abandono por parte del gobierno. Sus testimonios han de ser leídos y recordados. El gobierno desatendió a la línea de defensa humana más valiosa del país:

«Para el personal actualmente es espantoso. Todavía no tenemos acceso a los EPI [equipos de protección individual] ni a las pruebas diagnósticas.»

«La situación es horrorosa para todos.»

«No ha habido directrices, es un caos.»

«No me siento seguro. No me siento protegido.»

«Estamos literalmente improvisando a medida que vamos tirando.»

«Da la impresión de que estamos dañando activamente a los pacientes.»

«Necesitamos protección.»

«Carnicería total.»

«Crisis humanitaria.»

«Déjate de confinamiento. En muchos consultorios vamos a acabar fundidos.»

«Los hospitales de Londres están desbordados.»

«La gente y los medios de comunicación no son conscientes de que hoy ya no vivimos en una ciudad con un sistema sanitario occidental que funcione como es debido.»

«¿Cómo vamos a proteger a los pacientes y al personal? Estoy atónito. Es total y moralmente inaceptable. ¿Cómo podemos estar haciendo esto? Es un crimen. Me siento del todo impotente.»

«Sobre el terreno, brutal.»

«El tsunami es inminente.»

«La situación es extrema.»

«Es un escándalo nacional.»

«Hay una tremenda falta de liderazgo.»

«Hay una enorme carencia de personal.»

«No se siguen los estándares de la OMS sobre los EPI.»

«Cuando los generales pierden una guerra [vidas], son juzgados por traición. ¿Cuál es la respuesta adecuada en estas circunstancias?»

«Me siento completamente abandonado.»

«Creo que es un enfoque totalmente negligente y nada seguro.»

«No sé expresar lo consternados que nos sentimos. No tengo palabras.»

«¿Alguien está realmente escuchando nuestras preocupaciones y actuando?»

«Estamos muy decepcionados con la respuesta tardía del Reino Unido.»

«Esto es jugar con la vida de la gente.»

«Los EPI son insuficientes, no hay uniformes ni personal para las pruebas.»

«Los EPI son totalmente insuficientes. No hay mascarillas N95. Somos como corderos enviados al matadero.»

«En cuanto a los EPI, hoy ha sido caótico.»

«Vamos como sonámbulos, sin estar en condiciones ni equipados en absoluto cuando tuvimos el lujo de dos meses para prepararnos.»

«Actualmente, hay pacientes que fallecen de enfermedades perfectamente tratables.»

«Atiendo a enfermos sin traje de protección ni gafas de seguridad.»

«Al parecer, nadie quiere aprender de la tragedia humana que se produjo en Italia, China, España.»

«Racionamiento en marcha, y para el personal denegación de acceso a los EPI.»

«En primera línea, las cosas van a peor, no a mejor.»
«Hay una disparidad enorme entre el modo en que la situación se muestra públicamente y la realidad.»
«Los colegas han de asistir a reuniones disciplinarias por hablar claro [...] No sabía que vivía en un país donde se restringe la libertad de expresión.»

Durante la pandemia, diversos ministros británicos animaron a la gente a salir al exterior de su casa cada jueves a las ocho a «aplaudir a los cuidadores». Esta muestra de apoyo a los trabajadores sanitarios de primera línea fue un emotivo homenaje público masivo a quienes estaban arriesgándose y sacrificando su vida cada día en lugares de grave peligro. Pero ese llamamiento a elogiar a los cuidadores estaba teñido de hipocresía.

Un médico en primera línea de la asistencia, fallecido de covid-19, fue el doctor Abdul Mabud Chowdhury, urólogo de 53 años del Hospital Homerton de Londres. Mabud, que murió en el momento álgido de la epidemia, había solicitado al gobierno «trajes EPI apropiados» para «protegernos y proteger a nuestras familias». Su hijo, Intisar Chowdhury, pidió al gobierno que se disculpara públicamente por su incapacidad para proteger del contagio a los sanitarios. Hasta ahora, el gobierno no ha ofrecido disculpa alguna. A lo máximo que ha llegado ha sido a un comentario de la secretaria de Interior, Priti Patel: «Perdón a todo aquel que crea que no ha tenido protección suficiente». Intisar Chowdhury hablaba en nombre de muchos trabajadores de la salud al señalar que «las disculpas de Priti Patel no son verdaderas disculpas».

Los países occidentales gastan en salud una elevada proporción de su riqueza. Cuentan con sistemas sanitarios muy sofisticados, amén de un personal muy bien formado. Cabría preguntarse por qué los responsables médicos de estos países no hicieron algo más para avisar, en enero, a sus respectivos gobiernos de la inminente catástrofe que estaban a punto de sufrir sus poblaciones.

En el Reino Unido tenemos los Medical Royal Colleges, la Academia de Ciencias Médicas, la Asociación Médica Británica, Public

Health England, la Facultad de Salud Pública y diversos comités de expertos sanitarios, como The King's Fund y Nuffield Trust. Sin embargo, ninguna de estas entidades hizo un llamamiento urgente a la acción a principios de febrero, después de que la OMS declarase la PHEIC. Dentro de lo que podríamos denominar el «estamento médico» de Gran Bretaña, esta declaración cayó en saco roto. ¿Por qué?

Para esta pregunta no tengo ninguna respuesta. No creo que hubiera una conspiración de silencio, aunque en todo caso silencio sí hubo. Quizá los representantes de estos organismos, todos ellos médicos y científicos distinguidos, no leyeron los informes procedentes de China. Tal vez los leyeron pero no captaron su importancia. Quizá no entendían el significado de una PHEIC. O a lo mejor comprendían a la perfección lo que estaba sucediendo pero no querían criticar públicamente al gobierno por miedo a perder su influencia en la escena política.

Con independencia de las razones, los responsables médicos del Reino Unido y muchos otros países occidentales decepcionaron a aquellos a quienes debían proteger. Defraudaron a los ancianos, a los enfermos y a los vulnerables. Traicionaron precisamente a las personas que habían depositado su confianza –y sus impuestos– en la medicina moderna. Era una traición sucia, una mancha en los mandatarios de una profesión a la que sus trabajadores de primera línea habían dado tanto.

Parte de la respuesta a estos fallos sistémicos acaso resida en una idea nueva que hemos de introducir en el léxico sanitario: el sistema de salud resiliente. Tras el brote del Ébola de 2015 en África Occidental, los políticos y los legisladores comprendieron la necesidad de crear servicios sanitarios capaces de absorber, resistir y aprender de sacudidas externas mientras conservaban sus funciones básicas y se adaptaban y transformaban para suavizar los impactos de conmociones futuras. La idea de resiliencia es solo esto, una idea. ¿Qué significa en la práctica un sistema de salud resiliente? Hay algunos elementos destacados obvios: financiación suficiente, una fuerza laboral lo bastante amplia y cualificada, información precisa para orientar la respuesta adecuada, liderazgo transparente y que dé cuenta de sus actos, buena provisión de medicamentos esenciales y tecnologías sanitarias, y capacidad de reacción para procurar servicios adicionales cuando sea necesario sin menoscabo de la atención clínica cotidiana.

Una lección de la covid-19 es que ahora cada país debe iniciar un debate nacional sobre lo lejos que está dispuesto a llegar –y cuánto está dispuesta a pagar la gente– por un sistema de salud que salve vidas cuando llegue otra pandemia. Porque llegará con toda certeza.

La política de la covid-19

[…] los profesionales de la salud del siglo XXI observarán que se han metido en lo que se han vuelto profesiones politizadas. No se puede ir a ningún otro sitio.

Julian Tudor Hart, *La economía política de la sanidad: una perspectiva clínica* (2009)

La respuesta de los gobiernos a la covid-19 supone el mayor fracaso político de las democracias occidentales desde la Segunda Guerra Mundial. La principal responsabilidad de un gobierno es su obligación de atender a los ciudadanos. Miles de estos ciudadanos sufrieron una muerte evitable debido a la inacción inicial de los gobiernos.

Los errores fueron incontables. En primer lugar, el fiasco del asesoramiento técnico. Pese a contar con algunos de los científicos de más talento del mundo, países como los EE.UU., Italia, España, Francia o el Reino Unido fueron incapaces de aprovechar sus conocimientos y sus capacidades para hacer las recomendaciones oportunas que hubieran permitido prevenir los tremendos impactos humanos de la pandemia.

Este fracaso se debió, en parte, al sesgo cognitivo. En Occidente, la previsión era que la siguiente pandemia infecciosa sería probablemente una nueva cepa de la gripe. No se tomó en serio la posibilidad de que pudiera aparecer un virus más grave parecido al SARS. Los escasos científicos asesores de los gobiernos pertenecían a grupos que no tomaban expresamente en consideración alternativas a su previsión mayoritaria: sufrían de «pensamiento colectivo» discapacitante. Estos científicos, ¿leyeron y se tomaron en serio los primeros informes sobre la covid-19 procedentes de China, que advertían de forma clara e inequívoca sobre la gravedad clínica y el potencial pandémico del nuevo virus? ¿Preguntaron a médicos y científicos de países que ya habían experimentado los efectos de la covid-19? Si no, ¿por qué?

En segundo lugar, una vez recibido el asesoramiento científico, falló el proceso político. Durante el brote, los gobiernos repetían una y otra vez que «seguían las indicaciones de la ciencia». Sin embargo, la tarea de los políticos no consiste solo en aceptar los consejos científicos que reciben; también tienen la obligación de indagar, analizar y cuestionar. Los científicos asesoran, los ministros deciden. Al no cuestionar el consejo recibido, o no hacerlo al menos en un grado significativo, los políticos prefirieron creer que se podía aguantar y contener la pandemia sin intervenciones urgentes.

En tercer lugar, en el liderazgo político hubo fallos clamorosos. Los países occidentales fueron incapaces de crear equipos que desarrollaran una estrategia y un conjunto de valores para gestionar la pandemia. No generaron confianza ni esperanza entre la gente. No actuaron con firmeza. Y no escucharon, no mostraron humildad ni aprendieron de los errores. De hecho, muchos gobiernos se resistieron enérgicamente a aprender o incluso negaron que hubiera nada que aprender.

En cuarto lugar, hubo fallos de preparación estrepitosos. Pese a los datos de Wuhan, los dirigentes políticos fueron incapaces de adquirir los suministros necesarios de equipos de protección individual, no lograron crear las necesarias capacidades clínicas y diagnósticas de reacción, ni protegieron los servicios sanitarios para que se pudiera seguir ofreciendo la atención habitual a quienes la necesitaran.

En quinto lugar, hubo errores de ejecución. Por lo general, los países no ampliaron los servicios sanitarios en el grado necesario ni en el plazo disponible. Desde las pruebas diagnósticas al rastreo pasando por la provisión de ventiladores, los líderes políticos tuvieron dificultades para ir por delante de las imparables primera, segunda y tercera olas de la infección viral. Debido a todo esto, fueron incapaces de gestionar con eficacia la respuesta a la pandemia a medida que esta evolucionaba. Fueron incapaces de planificar adecuadamente sus estrategias de salida del confinamiento.

Por último, hubo fallos graves de comunicación. Los mensajes transmitidos al público solían ser escasos y tardíos. A veces, los consejos eran confusos, contradictorios o simple y llanamente engañosos. Los giros de ciento ochenta grados acabaron siendo la norma. Cuando el presidente Trump reflexionaba sobre la posible eficacia de la luz ultravioleta y los desinfectantes para prevenir y tratar la covid-19, estaba mostrando una insólita irresponsabilidad en un momento de emergencia nacional.

En conjunto, estos fallos constituían un ejemplo extremo de negligencia del Estado: la incapacidad de los gobiernos para cumplir con la obligación de cuidar a su gente al ignorar los datos que avisaban de un peligro probable, exponiendo a los ciudadanos al riesgo de un daño grave, en ocasiones fatal. A partir de la información que teníamos, cabía razonablemente esperar que los gobiernos se prepararan ante las contingencias planteadas por este nuevo virus. Cabía esperar justificadamente que pusieran en práctica medidas de precaución que redujeran esos riesgos. Los gobiernos tenían la capacidad suficiente para haber evitado esta crisis humana. No lo hicieron. Se les pasó por alto salvar a la gente. Los ciudadanos se vieron abandonados en un momento de tremenda vulnerabilidad. Los gobiernos fueron cómplices y responsables de esos fallos.

Este mensaje de incompetencia flagrante no es recibido de buen grado por los círculos políticos, médicos e incluso mediáticos occidentales. Entra en conflicto con un relato geopolítico que considera a China una influencia negativa y destructora en los asuntos internacionales. Así que se ha preferido culpar a China y a la OMS. Ahora se dice que China ocultó el hecho de la covid-19, o que la OMS estaba en connivencia con China en una maniobra encubridora de enormes proporciones.

En abril, el presidente Trump inició «investigaciones serias» sobre la gestión china del brote de la covid-19. «No estamos satisfechos con China», dijo el 27 de abril. «Creemos que [el virus] se habría podido frenar en el origen, y así no se habría propagado por todo el mundo.» Instó a que se exigieran responsabilidades al gobierno chino por sus errores y amenazó con reclamar a Pekín compensaciones económicas.

Existen muchas razones para ser críticos con la China contemporánea: trabas a la libertad de expresión, encarcelamiento de disidentes, abusos contra los derechos humanos en el Tíbet y Sinkiang. Pero quizá deberíamos ponernos en el lugar de los políticos chinos. El relato occidental habitual sobre China es que, si la economía del país ha crecido, también lo han hecho sus ambiciones políticas, económicas y militares estratégicas. En la actualidad, China, dirigida por un Partido Comunista autoritario, supone una amenaza para el liderazgo occidental del mundo libre. Las pruebas están muy claras, por supuesto: la Iniciativa de la Franja y la Ruta, su postura cada vez más agresiva con respecto a Hong Kong y Taiwán, o sus reivindicaciones sobre varias islas del mar de la China Meridional. Hay que contener a los chinos.

El punto de vista chino es muy distinto. Tras un siglo de humillaciones a manos de un Occidente con mentalidad colonial, China, orgullosa de su civilización de 5.000 años de antigüedad, en 1949 por fin alcanzó la independencia. Bajo Mao Tse-Tung, el país creció de forma errática cometiendo errores espantosos, pero al menos consiguió establecer unas fronteras nacionales seguras. Deng Xiaoping creó las condiciones para la expansión económica, lo que sacó de la pobreza a unos 800 millones de personas. Desde entonces, todos los dirigentes chinos han tenido la misión de proteger la independencia y la integridad nacional conseguidas por Mao y la seguridad económica alcanzada por Deng. A medida que avanza, China tiene cada vez más éxitos materiales que proteger. Según muchos políticos chinos, las acciones del gobierno no se han de considerar agresivas sino defensivas.

En el caso de la covid-19, los científicos y los médicos chinos actuaron con determinación y responsabilidad para proteger la salud de sus conciudadanos en este contexto histórico. Informaron a su gobierno, su gobierno alertó a la OMS y la OMS avisó al mundo. Las democracias occidentales no hicieron caso de esas advertencias. Hay preguntas a las que tanto el gobierno chino como la OMS deberían contestar. Pero acusar a China y a la OMS de esta pandemia global supone reescribir la historia de la covid-19 y minimizar los errores de los países occidentales.

Es comprensible que Occidente quiera rebajar sus responsabilidades. Sus gobiernos están afrontando difíciles cuestiones sobre lo que sabían y cuándo lo supieron. Por otro lado, se enfrentan a sus propias crisis de confianza. Las encuestas realizadas durante los brotes han revelado un descontento sistemático con las decisiones oficiales. Por ejemplo, en el Reino Unido, durante el pico de la primera ola de la epidemia, los sondeos mostraban índices de desaprobación crecientes y la sensación cada vez mayor de que el gobierno no había actuado lo bastante deprisa. El rechazo al presidente Trump en las elecciones de noviembre de 2020 constituyó el ejemplo más notable de esta pérdida de confianza de la gente. Los gobiernos necesitaban una nueva línea de defensa. Y la mejor defensa, pensaban, era un buen ataque.

Responsabilizar de la pandemia a un país del que ya desconfiaban muchos y a un organismo internacional del que la mayoría de la gente apenas había oído hablar era una manera facilona de desviar la atención, pero al parecer surtió efecto. Aumentaron las posturas antichinas. Por otra parte, aunque la OMS recibió muestras de apoyo de muchas capitales europeas tras la decisión del presidente Trump de suspender la financiación de la agencia, hubo poca oposición frontal a la agresiva actitud del gobierno norteamericano. Tras el brote de SARS de 2002-2003, la OMS alcanzó su nivel máximo de prestigio e influencia. Después de la covid-19, su reputación estaba más que cuestionada. La llegada del presidente Biden a la Casa Blanca supone una oportunidad para un reinicio global de las relaciones con la OMS y una renovación del compromiso de los EE.UU. con la coordinación mundial de la respuesta pandémica.

El multilateralismo fue una vez más la víctima, herida y ensangrentada, en una guerra geopolítica de palabras. La rivalidad entre las grandes potencias estaba anunciando una segunda Guerra Fría, que dominaría y determinaría la respuesta internacional a la covid-19. El globalismo, la solidaridad internacional y la cooperación entre países se sacrificaban en el altar del unilateralismo, el nacionalismo y el egoísmo populista. Esto contrasta de forma lamentable y decepcionante con la unanimidad que hubo ante el brote de SARS de 2002-2003. La guerra contra la OMS fue un inesperado giro en la historia de la covid-19. La OMS, única organización sanitaria global del mundo, intenta por todos los medios ser apolítica a rajatabla, a menudo con gran frustración de sus socios y seguidores de la sociedad civil, que querrían que estuviera más dispuesta a mostrar su músculo político. Como depende de las aportaciones presupuestarias de los países miembros, la organización es sumamente sensible a sus críticas. Para seguir recibiendo respaldo económico, cada director general debe procurar que sus donantes más ricos estén contentos.

Cuando visité por primera vez las oficinas centrales de la OMS en Ginebra en la década de 1990, los funcionarios más veteranos me recordaban una y otra vez que una cuarta parte de su presupuesto procedía del gobierno norteamericano. Cualquier cosa que la OMS dijera o hiciera debía valorarse pensando en los intereses de los EE.UU. Sin embargo, durante la covid-19 y pese a la estrecha colaboración entre científicos de la OMS y técnicos especialistas en los Centros para el Control y la Prevención de Enfermedades de Atlanta, la OMS acabó siendo una de las principales dianas de la administración estadounidense. El ataque del presidente Trump en el que acusaba a la organización de ser «chinacéntrica» llegó a ser un momento de vulnerabilidad sin parangón en los 72 años de historia de la OMS.

El doctor Tedros intentó defenderse lo más diplomáticamente que pudo:

> Los Estados Unidos de América han sido un amigo histórico y generoso de la OMS, y esperamos que siga siéndolo. Lamentamos la orden del presidente de los Estados Unidos de suspender su financiación de la Organización Mundial de la Salud. Con el apoyo del pueblo y el gobierno de los Estados Unidos, la OMS se esfuerza por mejorar la salud de muchas de las personas más pobres y vulnerables del mundo [...] La OMS está analizando el impacto que cualquier retirada de fondos norteamericanos pueda tener en nuestro trabajo, y colaboraremos con nuestros socios para llenar los huecos financieros a los que debamos hacer frente y garantizar que nuestra labor no sufra interrupciones.

No obstante, la desavenencia era profunda; la relación se había roto. Los miembros republicanos del Congreso apoyaron a Trump. El presidente del Comité de Finanzas del Senado, Chuck Grassley, acusó a la OMS de haber «dado muy tarde la señal de alarma global» sobre el nuevo coronavirus. En una carta al doctor Tedros, Grassley escribió lo siguiente: «Por desgracia, hay razones suficientes para poner en entredicho la respuesta de la OMS a las primeras señales de este brote aparecido en China. La falta de análisis y asesoramiento independiente ante los iniciales mensajes públicos confusos procedentes de China ha provocado que varios países hagan todo lo posible por recuperar el tiempo perdido».

Cuando se le cuestionó su decisión, el presidente Trump redobló la apuesta: «Fallaron. Fallaron. La verdad es que tomaron la decisión equivocada». Un grupo de congresistas republicanos firmaron una carta en la que pedían al doctor Tedros que dimitiera si quería que se restableciera la financiación de los EE.UU.

Quienes conocen la OMS saben que es una institución imperfecta, una burocracia que prefiere el proceso a la acción, la diplomacia al apoyo activo, los arreglos a la perseverancia. La OMS es una criatura de sus países miembros, por lo que refleja sus puntos débiles, defectos y fragilidades. Cada director general nuevo promete reformar la organización, y cada director se tropieza con enrevesados protocolos. No obstante, la OMS desempeña un papel esencial. Reúne a los mejores científicos del mundo con el fin de fijar estándares de salud de los que los países se valen para mejorar el bienestar de sus ciudadanos. En las zonas más pobres del mundo, la OMS proporciona un respaldo vital a los ministerios de Sanidad, los servicios de salud y los trabajadores sanitarios.

El mundo necesita una OMS fuerte que proteja la seguridad humana y sanitaria de los pueblos más pobres del mundo, y necesita también un gobierno norteamericano fuerte que asista a la OMS desde el punto de vista tanto político como económico. La suspensión repentina del apoyo estadounidense a la organización ha sido un grave contratiempo para la seguridad sanitaria global. La relación entre la OMS y el gobierno de los EE.UU. no habría tenido remedio mientras el doctor Tedros y el presidente Trump hubieran mantenido sus respectivas posturas. Para que se restablecieran las relaciones, uno de ellos –o los dos– habría tenido que rectificar. La victoria de Biden nos da motivos para la esperanza. Tras buscar entre figuras respetadas y de reconocido prestigio internacional, su nombramiento, en noviembre de 2020, de un decimotercer miembro de la Junta Asesora de Transición de la covid-19, Eric Goosby, que había desempeñado el cargo de coordinador global del sida de los EE.UU. y actualmente es enviado especial de la ONU para la tuberculosis, supuso un regreso de los Estados Unidos a la familia global de países que luchan por controlar la pandemia.

Ya he analizado las numerosas y extrañas historias de desinformación –la infodemia– que aparecieron durante la crisis de la covid-19. Pero lo todavía más sorprendente e inesperado fue que los propios gobiernos recurrieran a campañas de desinformación política para justificar su papel en la gestión del brote. Es importante documentar estas tentativas para reescribir el relato de la covid-19. Igual que ha habido un esfuerzo por contener el brote, ha habido también un esfuerzo por controlar el modo en que la gente valora la gestión gubernamental de la crisis.

En el Reino Unido, por ejemplo, diversos ministros han afirmado que en la epidemia no buscaban la inmunidad de rebaño. Las declaraciones de varios políticos y asesores científicos demuestran a todas luces lo contrario. Algunos ministros sostienen que ellos siempre han apoyado las pruebas de detección del virus. Sin embargo, Jenny Harries, subdirectora médica de Inglaterra, dejó bien claro que las pruebas no eran adecuadas para el Reino Unido. Ciertos ministros aseguran que ellos siempre han dado prioridad a la protección de los ancianos de las residencias. Las cifras de fallecidos en las residencias de varios países europeos demuestran lo contrario. El reiterado mensaje de «quedarse en casa –ayudar al NHS– salva vidas» daba a entender que el objetivo primordial del gobierno del Reino Unido era proteger a la gente. De hecho, este mensaje llegó a ser oficial solo cuando el primer ministro Boris Johnson se dirigió al país el 23 de marzo para decirle a la gente que se quedara en casa. Y luego estaba la declaración de que, en cuanto a la preparación de la pandemia, el Reino Unido era un «ejemplo internacional». La anonadante cifra de muertos pone de manifiesto la rotunda falsedad de esta afirmación.

Me vi enredado en un intento de manipular el mensaje gubernamental en su provecho. El 19 de abril, el equipo Insight del *Sunday Times* publicó un detallado análisis titulado «Coronavirus: 38 días en los que Gran Bretaña caminó sonámbula hacia el desastre». La tesis central del artículo la había mencionado yo el 25 de marzo como elemento de prueba ante el Comité Selecto de Ciencia y Tecnología de la Cámara de los Comunes, a saber, que el gobierno había desperdiciado febrero y marzo cuando debería haber estado preparándose para la llegada de la pandemia al Reino Unido. El *Sunday Times* escribía lo siguiente: «El gobierno pasó por alto avisos de científicos y perdió cinco semanas cruciales en la lucha contra el coronavirus, pese a estar peligrosamente mal preparado para una pandemia».

El mismo fin de semana, el gobierno publicó una larga réplica en la que señalaba:

El editor de *The Lancet*, exactamente el mismo día –23 de enero– pidió «cautela» y acusó a los medios de comunicación de «intensificar la ansiedad» al hablar de un «virus asesino» y de «temores crecientes». Escribía: «A decir verdad, partiendo de lo que sabemos actualmente, el 2019-nCoV tiene una transmisibilidad moderada y una patogenicidad relativamente baja. No hay razón para alimentar el pánico con un lenguaje exagerado». El *Sunday Times* sugiere que había cierto consenso científico en torno al hecho de que iba a producirse una pandemia… esto es rotundamente falso.

Esta declaración del gobierno fue una extraordinaria tergiversación de la verdad, con un descaro propio del Kremlin. Mi tuit, enviado el 24 de enero, hacía comentarios sobre ciertos titulares sensacionalistas que efectivamente podían fomentar peligrosamente el pánico. El pánico nunca es una buena estrategia para la salud pública. En lugar de ello, lo que hacía falta era un análisis cuidadoso y razonado de las pruebas procedentes de China y lo que significaban para el Reino Unido.

Ese mismo día, el 24 de enero, tuiteé un enlace con el primer informe publicado por *The Lancet* en el que se describía la seriedad de la presentación clínica de la covid-19. Mandé un segundo tuit que incluía un enlace con un segundo informe publicado ese mismo día en el que demostraba la transmisión entre personas. En otro tuit, a lo que estaba pasando en Wuhan lo denominé «un nuevo brote de coronavirus preocupante para la salud global». Al día siguiente, el 25 de enero, llamé la atención sobre la capacidad de los cuidados intensivos y pregunté por qué no se había producido aún ningún debate acerca de lo que era sin duda un problema clínico urgente: «Hasta ahora, una tercera parte de los pacientes han tenido que ingresar en la UCI [...] Pocos países cuentan con la capacidad clínica para gestionar este volumen de enfermos graves. Sin embargo, no hay debate».

El 26 de enero tuiteé esto: «Ahora es imperioso decirle al Comité de Emergencia del RSI de la OMS que vuelva a revisar los datos a favor y en contra de la declaración de Emergencia Sanitaria de Preocupación Internacional. La aguja indicadora está desplazándose hacia "afirmativo"». El 30 de enero, el director general de la OMS declaró efectivamente la PHEIC. Los hechos eran la antítesis total del mensaje de Downing Street 10. Había un consenso internacional. El gobierno había decidido ignorarlo sin más.

En su estudio sobre las técnicas para manipular la verdad, *Propaganda*, Jacques Ellul escribe esto: «La propaganda extrema debe ganarse al adversario y al menos utilizarlo incorporándolo a su propio marco de referencia».[1] La maquinaria de desinformación del gobierno demostraba a la perfección la inquietante observación de Ellul. El 10 de mayo, en una alocución al país el primer ministro Boris Johnson dijo lo siguiente de la covid-19: «No conocíamos del todo sus efectos». Su lastimera excusa probablemente llegará a ser la defensa esencial de su gobierno en la futura investigación pública sobre por qué el Reino Unido fracasó de forma tan notoria a la hora de proteger a sus ciudadanos. Pero es una defensa que puede y debe ser rebatida.

La covid-19 no es una crisis sanitaria, sino algo mucho peor.

En el Reino Unido, durante el pico de la primera ola de la pandemia los ciudadanos podían explorar los gráficos mostrados por asesores médicos y científicos en las conferencias de prensa diarias del gobierno. ¿La pandemia avanzaba o retrocedía? Nuevos casos de covid-19. Personas con covid-19 hospitalizadas. Camas de cuidados intensivos ocupadas por enfermos de covid-19. Fallecimientos diarios por covid-19 en el hospital. Y por último, la «comparación global de muertes» expresada sin rodeos: un gráfico que los científicos del gobierno censuraron por activa o por pasiva en mayo ya que la creciente mortalidad empezaba a ridiculizar su hasta entonces necia seguridad en sí mismos.

Quienes tenían la responsabilidad de conducirnos a través de esta emergencia la han denominado «crisis sanitaria global que sucede una vez en un siglo». Esta afirmación es errónea al menos por dos motivos. Primero, porque no podemos saber lo que traerá consigo el resto del siglo. Es muy probable que la pandemia de SARS-CoV-2 no sea la última ni la peor crisis sanitaria global del siglo actual. Pero, segundo y más importante, esta calamidad mundial es una crisis que afecta no a la salud sino a la vida propiamente dicha. En los últimos años, hemos tenido la tentación de dar por sentada nuestra omnipotencia como especie. Según la idea del Antropoceno, la actividad humana es la influencia dominante en el futuro de la vida en el planeta. Aunque se supone que la más reciente de las eras geológicas evidencia el daño que nuestra especie está haciendo a los frágiles sistemas planetarios, paradójicamente también reivindica nuestra supremacía. El SARS-CoV-2 ha revelado la soberbia encerrada en esa idea. Nuestra especie tiene muchas razones para ser autocrítica en cuanto a los efectos de nuestro estilo de vida en la sostenibilidad del planeta. Sin embargo, solo somos una especie entre muchas, y desde luego no ejercemos una influencia dominante cuando nos enfrentamos a un virus capaz de destruir la vida con tanta rapidez y facilidad.

Si esta pandemia es una crisis sobre la vida propiamente dicha, ¿qué conclusiones provisionales podemos sacar de los efectos de la covid-19 hasta ahora en la sociedad humana?

Encontramos algunas pistas en el trabajo de Didier Fassin, que estudió medicina en París antes de dedicarse a la salud pública y la antropología. El punto de partida de Fassin es la percepción que hemos de tener sobre las vidas desiguales que vemos cada día a nuestro alrededor. Esta observación seguramente nos invitará a reflexionar sobre el valor que la sociedad atribuye a cada vida humana. Aparte de una economía de mercado, la nuestra es una economía moral que tiene que ver con «la producción, la circulación, la asignación y la impugnación de valores así como con afectos en torno a [...] la vida».[2] ¿Cuáles son estos valores?

Al intentar responder a esta pregunta, de algún modo hemos de reconciliar «la vida como hecho de la naturaleza y como hecho de la experiencia». Para nosotros la covid-19 puede ser un problema biológico que hemos de conocer, tratar y prevenir. Sin embargo, también hemos de entenderla como un episodio biográfico en la vida de millones de personas. Y aquí es donde hace su entrada la enfermedad. «La afección», escribe Fassin, «se sitúa en el punto de confluencia de la biología y la biografía». Fassin divide su investigación sobre la desigualdad en tres partes.

En primer lugar, identifica formas de vida, lo que para él son «formas de estar en el mundo». Las inseguridades cotidianas afrontadas por tantos ciudadanos llaman la atención sobre «la apurada situación de las democracias contemporáneas, incapaces de estar a la altura de los principios que constituyen su misma existencia». Las vulnerabilidades y la precariedad de las vidas son tanto hechos universales como experiencias particulares.

En segundo lugar, apunta a una ética de la vida. Compara la legitimidad creciente de quienes tienen una prueba biológicamente definida y «empíricamente sólida» de la enfermedad con la legitimidad menguante de las vidas vividas en un escenario social concreto (como el de la pobreza). Lo físico ha prevalecido sobre lo político. A esta tendencia ética, Fassin la denomina «biolegitimidad»: una legitimidad de la vida definida solo en función de lo biológico. La vida se reduce exclusivamente a su expresión física. No hay margen para entender las circunstancias políticas en las que existe una vida. Es imposible movilizar a la opinión pública para defender amenazas a las vidas políticas –vidas caracterizadas, por ejemplo, por la desigualdad. La vida física es legítima; la vida política, no. El SARS-CoV-2 afecta preferentemente a los más vulnerables, peor remunerados y más invisibles antes que a quienes tienen poder.

En tercer lugar, Fassin se centra en la política de la vida, el gobierno de las poblaciones y los efectos de la política en las vidas humanas. Muestra interés en el modo en que las acciones de los regímenes políticos influyen de manera diferenciada en esas vidas y ratifican el valor desigual de algunas de ellas en la sociedad. La «política de la vida», escribe, «es siempre una política de desigualdad».

Entonces, ¿qué podemos decir sobre la política de la covid-19? Pues hemos de decir, a mi entender, que es cometido nuestro desvelar las biografías de quienes vivieron y murieron con la covid-19. Es cometido nuestro oponer resistencia a la biolocalización de esta enfermedad e insistir en una crítica social y política. Es cometido nuestro entender lo que esta enfermedad significa para la vida de los afectados, y usar este conocimiento no solo para cambiar nuestra perspectiva sobre el mundo sino también para cambiar el propio mundo. Como dice finalmente Fassin, «nuestra crítica no tiene por qué escoger entre militancia y lucidez».

6
La sociedad del riesgo revisitada

Es obvio que, en todos estos casos, cuanto más tiempo estén las personas
a las que se va a observar bajo los ojos de las personas que las observan,
más perfectamente se alcanzarán los objetivos del establecimiento.

JEREMY BENTHAM, *Panóptico* (2020)

Cuando en los EE.UU. el número de casos confirmados de covid-19 superó la cifra de un millón, a principios de mayo de 2020 –con más de 64.000 muertos–, el presidente Trump dejó claro a quién había que echarle la culpa: a China. Tras décadas de fomento de la confianza entre los dos países, la administración norteamericana puso en marcha un plan de distanciamiento sistemático con respecto a su competidor estratégico más importante. Se empezaron a romper los lazos comerciales, económicos y científicos. Trump dio instrucciones a sus servicios de inteligencia para que siguieran buscando pruebas de que la pandemia tenía su origen en una fuga deliberada o accidental desde un laboratorio de Wuhan. Trump aseguraba que ya había visto estas pruebas, aunque no se ha publicado ninguna y todas las autoridades acreditadas han rechazado la idea.

La guerra informativa iniciada por el gobierno norteamericano incluía la amenaza de exigir indemnizaciones a China, de impedir la entrada de las empresas chinas de telecomunicaciones en los mercados de los EE.UU. y de reducir las inversiones estadounidenses en el país. Las relaciones diplomáticas entre las dos superpotencias mundiales estaban en su punto más bajo. No es probable que la elección del presidente Biden dé lugar a un restablecimiento inmediato de las relaciones entre China y los Estados Unidos. De todos modos, un regreso a una diplomacia más tradicional y respetuosa entre los dos países brindará oportunidades para un diálogo más constructivo sobre cómo extraer lecciones de la pandemia.

Los efectos secundarios de la tensa relación entre los presidentes Trump y Xi Jinping crearon un clima sombrío sobre ciertas instituciones cruciales para el control de una pandemia, en particular la OMS. El 1 de mayo, en plena meditación sobre los orígenes del virus, el presidente Trump dijo: «Creo que los de la Organización Mundial de la Salud deberían sentirse avergonzados, pues son como la agencia de relaciones públicas de China». Para él, la OMS era cómplice de un encubrimiento cuyas consecuencias habían arrastrado al mundo a una crisis global. Joe Biden acabará con la hostilidad norteamericana hacia la OMS. Reanudará el respaldo de su país a la organización y pondrá punto final a esa afición a buscar culpables de la pandemia. Por otro lado, se centrará en sacar de una vez del olvido a los ciudadanos de su país. Con casi 20 millones de casos de covid-19, unos 300.000 fallecidos y uno de los índices de mortalidad más elevados del mundo, los EE.UU. se enfrentan no solo a una tragedia nacional de dimensiones históricas, sino también a la humillación internacional. Biden es globalista y multilateralista. Prefiere el diálogo a la confrontación. Y cree que el compromiso estadounidense con las instituciones internacionales es beneficioso tanto para los EE.UU. como para el resto del mundo. No obstante, el legado interno de Donald Trump es de lo más exigente. La de la covid-19 es la mayor crisis de la historia norteamericana en tiempos de paz, como lo es para buena parte de Latinoamérica y Europa Occidental.

En momentos así de tensión política, desconfianza y recelo, conviene dar un paso atrás e investigar algunas de las posibles explicaciones de este nuevo período de incertidumbre en las relaciones internacionales y lo que esta incertidumbre podría significar para nuestro futuro colectivo.

En su libro *La sociedad del riesgo: hacia una nueva modernidad*, publicado originalmente en 1986, Ulrich Beck sostiene que en las sociedades modernas la creación de riqueza siempre ha estado vinculada a la producción de riesgos nuevos. Desde la crisis climática a la desigualdad creciente, desde los ciberataques a la contaminación ambiental, desde la pérdida de biodiversidad a las armas de destrucción masiva, vemos la verdad de la afirmación de Beck en la vida cotidiana. Otro de estos riesgos es la aparición de nuevos virus en ciudades de crecimiento desordenado de países en rápido progreso. Beck pretendía demostrar que nuestro mundo se había vuelto «reflexivo», es decir, muchos de los problemas que actualmente afrontamos los hemos generado nosotros mismos:

> Mientras las anteriores culturas y fases del desarrollo social hicieron frente a las amenazas de diferentes maneras, actualmente la sociedad *se enfrenta a sí misma* a través de su gestión de los riesgos. Los riesgos son el reflejo de las acciones y las omisiones humanas, la expresión de fuerzas productivas muy desarrolladas. Esto significa que las fuentes del peligro ya no son la ignorancia sino el *conocimiento*; no un dominio deficiente de la naturaleza sino uno perfeccionado; no lo que elude la comprensión humana sino el sistema de normas y limitaciones objetivas establecidas en la era industrial.[1]

Beck se mostraba especialmente crítico con la «racionalidad tecnocientífica». Para él, la ciencia moderna era incapaz de abordar «los crecientes riesgos y amenazas de la civilización». No echaba la culpa a los científicos individuales, sino que responsabilizaba al «enfoque institucional y metodológico de los riesgos por parte de las ciencias». Señalaba que, «por su propia constitución –con su división superespecializada del trabajo, su concentración en la metodología y la teoría, su externamente determinada renuncia a la práctica–, las ciencias son *totalmente incapaces* de reaccionar de manera adecuada ante los riesgos de la civilización».[2]

Estas palabras parecen sorprendentemente oportunas para entender qué falló en la respuesta occidental a la pandemia del SARS-CoV-2. Los riesgos que hemos afrontado, y seguimos afrontando, no solo derivan de un virus nuevo, sino que además están incrustados en los sistemas que hemos creado y puesto en marcha para examinar y decidir sobre la amenaza de las pandemias: el régimen de la formulación de las políticas científicas.

Qué constituye conocimiento sobre un riesgo, qué supuestos hacemos sobre ese riesgo, qué pruebas se admiten y descartan para ser examinadas, quién es invitado a la mesa para analizar los riesgos, y qué clase de ciencia se emplea para elaborar los consejos dirigidos a los políticos... todo esto fueron puntos débiles en los estamentos político-científicos de Washington, Londres, París, Madrid, Roma,

Bruselas, Nueva Delhi, Moscú, Lima y otras capitales. Demasiados gobiernos simple y llanamente no tuvieron en cuenta las investigaciones publicadas a finales de enero de 2020 que exponían la magnitud de la amenaza que surgía de Wuhan. Supusieron que el peligro más probable era una nueva cepa de gripe, no otro virus similar al SARS. Los países no establecieron contacto con los que tenían experiencia de primera mano sobre lo que estaba sucediendo en China. Y tampoco consultaron a expertos en medicina de cuidados intensivos o del aparato respiratorio, los cuales habrían interpretado mejor los datos de Wuhan.

A medida que avanzaba la epidemia, iba quedando claro que el riesgo no se repartía de forma equitativa en la sociedad. En el Reino Unido, por ejemplo, la Oficina Nacional de Estadística analizó fallecimientos por covid-19 según niveles de precariedad socioeconómica. El índice de mortalidad de los afectados por la covid-19 en las zonas más desfavorecidas de Inglaterra era más del doble que el de las otras zonas: 55 muertos frente a 25 por cada 100.000 habitantes. La desigualdad agravó la creciente cifra de fallecimientos. La covid-19 solo ha agrandado las viejas desigualdades.

Las propuestas científicas y las reacciones políticas ante las mismas no consiguieron proteger a las personas más vulnerables de nuestras comunidades. Es a este respecto que los presidentes y primeros ministros deberían buscar respuestas.

También se podrían formular preguntas acerca de la respuesta internacional. La OMS actuó con rapidez para declarar la PHEIC. Conferencias de prensa diarias, informes sobre la situación y un sinfín de datos estadísticos mantenían al mundo informado sobre la evolución de la pandemia. Sin embargo, vistas las cosas desde la perspectiva actual, creo que la OMS pudo y debió haber hecho más. Por ejemplo, ¿por qué a raíz de la covid-19 la organización no convocó con carácter urgente una cumbre de países tras haber declarado la PHEIC? Si lo hubiera hecho, habría podido iniciar y dirigir una respuesta global coordinada, poner en común datos y experiencias, y movilizar y motivar a los países para que actuasen con rapidez y contundencia. La OMS no hizo nada de todo esto. Al renunciar a su liderazgo global, los países estuvieron solos en su lucha contra la covid-19. Los 194 países miembros de la OMS se vieron abandonados a su suerte y tuvieron que seguir 194 estrategias distintas.

Curiosamente, hubo que esperar a diciembre de 2020 a que la ONU convocara una cumbre global para analizar las lecciones aprendidas de los esfuerzos para controlar la pandemia. E incluso entonces la reunión fue incapaz de generar una actualización significativa de la respuesta internacional. La decisión de la ONU de convocar la reunión se había comunicado en noviembre, pero en la votación los EE.UU. se abstuvieron alegando que iba a estar involucrada la OMS, su enemigo acérrimo. La conclusión del encuentro fue que ahora era imposible cumplir la agenda de sostenibilidad plasmada en los 17 Objetivos de Desarrollo Sostenible establecidos en 2016. Lo máximo que se podía hacer era regresar a los niveles prepandémicos de desarrollo hacia 2030. Los esfuerzos globales para recaudar 38.000 millones de dólares con los que pagar pruebas diagnósticas, tratamientos y vacunas para la covid-19 solo alcanzaron la cifra de 10.000 millones. Ningún país asumía la responsabilidad del liderazgo global. Era palpable la renuncia de los EE.UU. a su autoridad tradicional. El presidente Trump estuvo ausente; envió a su denostado secretario de Salud y Servicios Humanos, Alex Azar. La cumbre de la ONU puso de manifiesto la desintegración de la solidaridad global que ha sido el sello distintivo de la era Trump. El presidente del Consejo Europeo, Charles Michel, propuso la original idea de un tratado internacional sobre pandemias cuya finalidad sería la consagración de los compromisos con la vigilancia de los virus que pasan de animales a humanos, la aceleración de las investigaciones sobre vacunas y el reforzamiento de los sistemas sanitarios. Sin embargo, no hay ningún tratado a la vista. Terminó 2020 y el mundo continuaba decepcionado y hecho un desastre.

Una de las lecciones de la epidemia del SARS de 2002-2003 fue la necesidad acuciante de una mayor vigilancia de las enfermedades infecciosas nuevas y emergentes. Gracias a esta vigilancia, las noticias actualizadas de la propagación del SARS por el mundo evitaron una pandemia realmente global. No obstante, después de esta salvación por los pelos, en los esfuerzos de observación global también se identificaron puntos débiles graves. Los sistemas de supervisión de 2002-2003 no estaban ajustados para buscar amenazas nuevas. La colaboración y la cooperación entre países eran escasas. Si había que evitar alguna pandemia futura, era más que evidente la necesidad de una vigilancia constante y reforzada.

El objetivo del Reglamento Sanitario Internacional (RSI), una serie de normas legalmente vinculantes para todos los países, es el control de las enfermedades infecciosas. Existen las regulaciones necesarias para gestionar los riesgos de las enfermedades infecciosas nuevas creadas por las sociedades humanas. Adoptadas inicialmente en 1951 con el nombre de Regulaciones Sanitarias Internacionales, abarcaban solo seis enfermedades: peste, cólera, tifus, fiebre recurrente, viruela y fiebre amarilla. El RSI, como fue rebautizado en 1969, exigía a los países que avisaran a la OMS de cualquier brote de esas seis enfermedades.

El ineficaz RSI fue manifiestamente incapaz de proteger la seguridad sanitaria global durante el brote de SARS de 2002-2003. Su revisión en 2005 supuso un importante paso adelante en la vigilancia y la protección internacional. En la actualidad, las regulaciones exigen a los países que informen de cualquier enfermedad o problema médico nuevos que supongan (o puedan suponer) un daño significativo para las poblaciones humanas. Es responsabilidad de los países detectar, evaluar e informar de hechos que puedan justificar una PHEIC.

El RSI revisado de 2005 amplió los poderes de la OMS. Ahora la organización asumía el cometido de coordinar los esfuerzos globales de vigilancia. La OMS tenía en exclusiva la capacidad para determinar si se debía declarar una PHEIC. Por otro lado, ahora podía aconsejar a los países sobre la mejor manera de responder a las emergencias sanitarias así como movilizar recursos económicos para ayudarlos en ese propósito. El RSI señalaba la primacía de la salud global sobre la economía, de la gobernanza global sobre la soberanía nacional.

El RSI también apelaba a las obligaciones de los países. Ahora, para afrontar emergencias sanitarias importantes, los países miembros de la OMS debían desarrollar «capacidades esenciales», entre las que se incluía la ampliación de las redes de laboratorios, una fuerza laboral sanitaria bien formada, sistemas de vigilancia, mecanismos de respuesta, preparación de los servicios de salud, comunicación de riesgos, procedimientos de coordinación, y legislación y diseño de políticas; en otras palabras, los países debían asegurarse de tener plena capacidad para detectar, evaluar, informar y responder a cualquier amenaza nueva. El marco de la seguridad sanitaria expresado en el RSI fue clave para que la OMS declarase que la covid-19 era una emergencia sanitaria internacional.

No obstante, la posibilidad de que en la sociedad haya más vigilancia hace pensar en amenazas a la privacidad y a la libertad e incluso, como dijo el juez Lord Sumption, del Tribunal Supremo del Reino Unido, en «un histérico deslizamiento hacia un estado policial».

Una mayor vigilancia, ¿hace peligrar de veras nuestra libertad? En abril, el *Financial Times* preguntaba si la llegada de aplicaciones de móvil sobre el coronavirus significaba que la sociedad estaba cada vez más bajo el control de un estado vigilante. Apple y Google trabajaban conjuntamente para crear un sistema inalámbrico de rastreo de contactos que informara a alguien de si se había cruzado con una persona que hubiera padecido la covid-19. La detección dinámica de casos nuevos, el rastreo de contactos y la cuarentena constituyen el baluarte de salud pública necesario para evitar olas subsiguientes de infección por SARS-CoV-2. La supervisión digital, advertía el *Financial Times*, podría llegar a ser la mayor invasión de la privacidad que haya podido producirse en nuestras sociedades.

Sin embargo, al menos hasta el momento, la gente no parece preocupada. Durante la primera ola de la pandemia, los gobiernos se sorprendieron del grado de conformidad de sus ciudadanos, en general discrepantes e incómodos. Todos aceptamos de buen grado las exigencias de quedarnos confinados en casa. La segunda ola provocó más consternación. Aumentó la oposición a los confinamientos. Los medios de comunicación se volvieron más duros y críticos. Ahora es difícil pronosticar cómo reaccionará la gente ante una mayor vigilancia en el futuro. De ciertos traumas nacionales del pasado, como el Blitz durante la Segunda Guerra Mundial, deducimos que la gente se adapta al peligro. La ansiedad impulsa la acción. Después de todo, tal vez nos adaptaremos a una mayor vigilancia en nuestra vida diaria.

Apple y Google prometen que su supervisión electrónica será voluntaria y anónima. Pero si la vigilancia incluye cámaras en cada esquina de cada calle, el control de las transacciones con tarjeta de crédito, el seguimiento del uso del móvil y la obligación de escanear códigos QR sanitarios antes de entrar en oficinas, edificios públicos y centros de hostelería y de entretenimiento, no es de extrañar que la gente dude de las garantías de su privacidad. Y si para que funcione la vigilancia digital hace falta información sobre tu estado en términos de covid-19, es que habremos llegado peligrosamente cerca de la introducción de los «pasaportes de inmunidad». Un pasaporte de inmunidad parece una respuesta perfectamente racional al problema de la pandemia: un documento así te permitiría proseguir con tu vida normal mientras los demás pueden estar tranquilos con respecto a su seguridad y la tuya.

Sin embargo, los pasaportes de inmunidad también estigmatizarán a quienes no sean inmunes, lo que creará una sociedad dividida y una clase de individuos no inmunes que acaso sean considerados un peligro para la salud pública. Los pasaportes de inmunidad pueden llegar a incentivar a algunos a contraer la infección, con el riesgo concomitante de sufrir una enfermedad grave, incluso fatal. Seguramente será mucho mejor acelerar la distribución de una vacuna y, en vez de lo anterior, ofrecer certificados de vacunación. Un certificado de vacunación alejaría el incentivo a infectarse y favorecería que la gente se inmunizara. Si se trata de prevenir futuras pandemias, es fundamental intensificar la vigilancia sobre los agentes infecciosos emergentes. No obstante, hay razones para atisbar la gravedad de la tendencia social que probablemente se producirá en los próximos años. En su libro de 1975 *Vigilar y castigar: nacimiento de la prisión*, Michel Foucault recurrió a la idea del panóptico de Jeremy Bentham para identificar una deriva creciente hacia lo que él llamaba una «sociedad disciplinaria».

En su concepción original, el panóptico era un diseño arquitectónico para un nuevo tipo de cárcel.[3] De estructura circular, el edificio contenía celdas carcelarias en su curva exterior, mientras que en el centro estaba el alojamiento del inspector. Este sería omnipresente, vería sin ser visto, mientras que los presos siempre se sentirían (y deberían sentirse) observados. Para Bentham, su panóptico –«un un nuevo modo de obtener poder de la mente sobre la mente»– era de aplicación en asilos para pobres, hospicios, manicomios, hospitales, escuelas y lazaretos (lugares donde poner en cuarentena a los afectados por la peste).

Bentham fue el primer utilitarista. Creía que el ser humano estaba dominado por el dolor y el placer. La utilidad era esa propiedad que tendía a «generar beneficio, ventajas, placer, el bien, o la felicidad [...] o [...] evitar el daño, dolor, el mal o la desdicha en la persona cuyo interés se considera». El panóptico era una expresión de cómo entrelazar a fondo el utilitarismo en el tejido de la sociedad. La vigilancia absoluta de toda la población es el panóptico llevado a su extremo lógico: la máxima expresión de la sociedad disciplinaria. Las aplicaciones del coronavirus podrían acercarnos rápidamente al sueño de Bentham y a la pesadilla de Foucault.

El Reglamento Sanitario Internacional (RSI) constituye un instrumento crucial de este panóptico de nuestra época. Sus impulsores promueven la idea y la práctica de la inspección omnipresente. Encarnan un grado de supervisión del Estado que insiste en la observación con intromisión mínima. Justifican la vigilancia permanente en nombre del placer victorioso sobre el dolor. El RSI parece un ejemplo claro de bien público.

Pero, ¿es el aparato de vigilancia también indicativo de algo más siniestro?

Foucault amplió su interés –y su preocupación– por la sociedad disciplinaria al introducir la noción de «biopolítica», la política de la vida. Se refería a «los problemas planteados a la práctica gubernamental por fenómenos característicos del conjunto de seres vivos que conforman una población: salud, higiene, índice de natalidad, esperanza de vida, raza... Desde el siglo xix conocemos la creciente importancia de estos problemas, y las cuestiones políticas y económicas que han suscitado hasta el presente».[4]

De hecho, la covid-19 tiene que ver con la política del cuerpo. Según Foucault, la salud pública surgió en el siglo xviii con el nacimiento del capitalismo. El cuerpo acabó siendo considerado un instrumento de producción económica, de fuerza de trabajo, por lo que llegó a ser materia de significativo interés político. La medicina y la salud pública fueron promocionadas como herramientas cuyo fin era potenciar esas fuerzas productivas para garantizar que la gente estuviera en condiciones de trabajar.

La prioridad dada al cuerpo como determinante sustancial de la prosperidad mercantil discurre en paralelo a otro giro histórico: el significado del gobierno. El concepto de «gobierno» comenzó con el limitado objetivo de mantener la jurisdicción sobre un territorio definido. En el siglo xviii, sin embargo, los gobiernos europeos incorporaron a su práctica la economía. En aquella época, la economía hacía referencia a la familia. Ciertos avances en el cálculo estadístico hicieron aflorar un concepto totalmente nuevo al que los gobiernos debían prestar atención: el concepto de población. Así fue como los gobiernos desplazaron el foco de atención desde la familia a la población como unidad de referencia de su economía política. Según Foucault, la población acabó siendo «el fin último del gobierno».

Foucault introduce luego la idea de «gubernamentalidad» para dotar de sentido a este cambio decisivo desde la familia a la población. Al hablar de gubernamentalidad –y de la gubernamentalización del Estado– se refería al ejercicio del poder sobre las poblaciones. Seguimos viviendo en esta época de gubernamentalidad, donde las acciones individuales están determinadas por un poder que reivindica su legitimidad en la verdad científica. La salud pública se desarrolló en medio de estas corrientes sociales y políticas. Para los gobiernos, la salud de la población pasó a convertirse en el fundamento para proteger y aumentar las fuerzas económicas productivas del Estado.

La salud se convirtió en un problema político que exigía un control político, pues «entre los pobres, el problema de la enfermedad se identifica en su especificidad económica». Los gobiernos empezaron a mostrar un interés en controlar y constreñir los cuerpos que componen una población. Así lo expresa Foucault: «Se recurrió a diferentes aparatos de poder para que se hicieran cargo de 'cuerpos', no simplemente para exigirles el servicio a la patria o cobrarles impuestos, sino también para ayudarlos y en caso necesario constreñirlos para garantizarles una buena salud». ¿Por qué? Porque «los detalles biológicos de una población llegaron a ser factores relevantes para la gestión económica». «Para la salud, lo indispensable», escribía Foucault, «es al mismo tiempo el deber de cada uno y el objetivo de todos». «El cuerpo es una realidad biopolítica; la medicina es una estrategia biopolítica.» La salud pública –observación y valoración de la enfermedad, estandarización del conocimiento y la práctica, y creación de una estructura administrativa para gestionar el sistema sanitario– se convirtió en un tipo de poder pastoral cuyo objetivo era el desarrollo social y económico. La creciente importancia de la salud en las sociedades industriales aumentó la valorización de los médicos y promovió el crecimiento de la ciencia médica. Se formó una alianza entre la medicina y el Estado: «Un dominio político-médico sobre la población».

En la práctica, la pregunta era la siguiente: ¿qué puede hacer el gobierno para regular, gestionar y controlar a la gente? Pues la respuesta sería esta: «Control estatal de lo biológico» y «la aparición de técnicas de poder centradas básicamente en el cuerpo, en el cuerpo individual». Foucault escribió que la «biopolítica se ocupa de la población, de la población como problema político, como problema que es al mismo tiempo político y científico, como problema biológico y como problema de poder».[5] Y la respuesta a este «problema» de la población era la «biorregulación por parte del Estado».

¿Por qué es importante Foucault para entender la covid-19? Las razones residen en la manera siniestra en que evolucionaron ciertas actitudes ante la pandemia durante 2020. Acabó siendo aceptable sostener que los ciudadanos más mayores en peligro de contraer la covid-19 eran de algún modo menos valiosos para la sociedad que los más jóvenes. Se daba a entender que se podía permitir a los jóvenes arriesgar su salud a fin de proteger la economía. Por otro lado, los gobiernos decretaron medidas extraordinarias para controlar y limitar las conductas de sus poblaciones. La covid-19 ha acabado provocando un debate sobre la distribución de poder en la sociedad: el gobierno central frente a los gobiernos locales, los jóvenes frente a los viejos, los ricos frente a los pobres, los blancos frente a los negros, la salud frente a la economía.

Los más susceptibles de padecer la covid-19 son algunos de los menos poderosos de nuestra sociedad. Los que trabajan en la salud pública no se consideran instrumentos de los Estados capitalistas, al contrario: entienden la salud como algo de tal valor intrínseco que hay que luchar por ella y defenderla. No obstante, con respecto a nuestra alianza con el poder del Estado para abordar esta pandemia hemos de ser perspicaces. La medicina y la salud pública están siendo absorbidas en un programa político de control de la población para proteger el poder del Estado neoliberal moderno. Es cierto que la lucha por la salud es una lucha por la dignidad, la libertad y la igualdad humanas. Sin embargo, también hemos de cumplir con nuestra obligación de cuestionar el poder y sus efectos en la verdad, por una parte, y la verdad y sus efectos en el poder por otra. Un aspecto importante de la salud pública es la batalla contra el sometimiento.

¿Cómo armonizar la necesidad de más vigilancia para disminuir los riesgos de futuras pandemias –la sociedad disciplinaria biopolítica– con la exigencia de proteger las libertades que hemos acabado dando por sentadas? ¿Una mayor vigilancia se opone a nuestro derecho a la privacidad? En una época de pandemias, ¿es inevitable una sociedad disciplinaria, donde el gobierno busca regular por todos los medios los comportamientos públicos? «Mantendremos en secreto tus líos amorosos, dicen los rastreadores de contactos», rezaba un titular de periódico el mismo día en que uno de los principales científicos, creador de un conocido modelo epidemiológico, el profesor Neil Ferguson, dimitía del SAGE por haber infringido las normas de confinamiento con su amante casada.

De alguna manera hemos de llegar a un equilibrio. De hecho, el problema de política pública más importante que afrontan actualmente las sociedades occidentales es un pacto entre libertad y control.

No hay soluciones sencillas. Durante la covid-19 hemos asistido a un renacimiento del Estado. En todas las sociedades se apreciará que el Estado asume un papel cada vez mayor en muchos ámbitos: desde la reconstrucción de las economías del sector público hasta la ampliación de la protección social, desde la creación de sistemas sanitarios resilientes hasta la transformación de la comunicación digital, desde la ayuda a organizaciones benéficas hasta la inversión más generosa en ciencia. Y, a medida que el Estado vaya ampliando su alcance y su cometido a petición del público, también los derechos individuales correrán peligro de verse limitados en nombre de la seguridad humana común. Acabaremos convertidos en ciudadanos biopolíticos.

No temo que vaya a haber mucha más intromisión en nuestra vida –la panopticonización de la sociedad– siempre y cuando presionemos para que esta intromisión esté guiada por ciertos principios, estándares y valores acordados. El gobierno debe comprometerse, en primer lugar, con la *universalidad* y la *inalienabilidad* –las protecciones a la privacidad que todavía existan deben ser concedidas a todo el mundo sin excepción. En segundo lugar, con la *indivisibilidad* –nuestros derechos son interdependientes: no incumbe al Estado determinar qué derechos se garantizan o no. En tercer lugar, con la *igualdad* y la *no discriminación* –todos los seres humanos son iguales en dignidad. Y en cuarto lugar, de algún modo la cuestión más importante, con la *transparencia* –los gobiernos han de ser abiertos en lo que respecta a la información y la toma de decisiones. Muchos de los errores en las decisiones relativas a la covid-19 se originaron en fallos de transparencia.

¿Hemos de aceptar y asumir la inevitabilidad de un reforzamiento del Estado vigilante y de la sociedad disciplinaria tras la covid-19? No veo por qué. En vez de ello, deberíamos comprometernos con la creación de un Estado y una sociedad vigilantes en que el gobierno y la gente colaborasen para identificar, supervisar y responder a riesgos nuevos y emergentes, garantizando a la vez la protección de nuestros derechos sociales y políticos más preciados.

La vigilancia eterna es ciertamente la negación de la libertad. No podemos permitirnos la repetición del ciclo de crisis, daño, acción, autocomplacencia, negligencia y posterior vulnerabilidad que sobrevino tras el SARS de 2002-2003.

En este análisis sobre la aparición de una sociedad y un Estado vigilantes hay una verdad inquietante: se cimienta en la incertidumbre.

A medida que evolucionaba la covid-19, una sorpresa fue la inmensa incertidumbre que había en torno a lo que parecían preguntas muy sencillas. ¿De dónde procedía este virus nuevo (hay pruebas de que ya circulaba antes del brote de Wuhan)? ¿Por qué los hombres resultaban más afectados que las mujeres (aunque no en todos los países)? ¿Por qué los negros, los asiáticos y las comunidades étnicas minoritarias corrían más peligro? ¿Por qué los que vivían en residencias eran tan vulnerables? ¿Cuál era la distancia de seguridad que había que mantener en la calle, en el transporte público o en la cola del supermercado? ¿Llevar mascarilla evitaba el contagio o cabía considerarlo solo como un acto altruista que reducía el riesgo de que un infectado transmitiera el virus a otros? ¿Las escuelas se debían cerrar o, dado que al parecer los niños eran menos susceptibles de sufrir formas graves de covid-19, podían permanecer abiertas? ¿Había que cerrar las fronteras para evitar la entrada de virus procedentes de otros países, o el volumen de esta importación era tan pequeño que suponía un riesgo insignificante cuando ya estaba produciéndose transmisión comunitaria? Después del contagio, ¿cuál es la inmunidad del individuo y cuánto dura? Una vacuna BCG [contra la tuberculosis], ¿protegía contra la covid-19? La hidroxicloroquina, un fármaco muy utilizado contra la malaria, ¿era un medicamento efectivo para tratar el SARS-CoV-2? ¿La vitamina D protege contra versiones graves de la covid-19? ¿Eran realmente necesarios los confinamientos? ¿Era posible gestionar una pandemia mediante la atención cuidadosa y sistemática a la higiene personal y a la distancia personal, además de la realización masiva de pruebas diagnósticas, el rastreo de contactos y el aislamiento?

Estas preguntas se hicieron, pero no se pudieron proporcionar de inmediato unas respuestas precisas y definitivas. Lo que sí se hizo fue dar consejos para las situaciones sobre las que no había datos o estos eran incompletos. De ahí se seguirían inevitablemente más preguntas. En un pequeño porcentaje de niños, la infección parece provocar una enfermedad de inicio tardío –síndrome multisistémico inflamatorio pediátrico temporalmente asociado al SARS-CoV-2 (PIMS-TS, por sus siglas en inglés)– parecida a una afección grave denominada «enfermedad de Kawasaki». ¿Por qué? ¿Y cuáles serán las consecuencias a largo plazo? Los obesos parecen correr más peligro de padecer formas graves de la enfermedad. ¿Por qué, de nuevo? ¿Qué cabe hacer para proteger a quienes tienen sobrepeso? ¿Cuál es la probabilidad de reinfección? Ya se han notificado varios casos de gente reinfectada. Nuestra inmunidad a la infección viral, ¿dura solo unos cuantos meses? ¿Y qué hay del fenómeno de la fatiga y el agotamiento, que permanece durante semanas o meses tras el inicio de la enfermedad?

A los médicos clínicos y a los políticos les resultó difícil gestionar el riesgo frente a tales incertidumbres, que solo aumentaban las dificultades para planificar cuándo terminar el confinamiento. Aunque gracias a nuevas investigaciones irán apareciendo respuestas poco a poco, la gestión (bio)política de las poblaciones en tiempos de paz, durante un conflicto o en épocas de crisis siempre se basará en la falta de certezas. Por tanto, razón de más para contar con protecciones sólidas que, en un Estado vigilante, sustenten las acciones del gobierno.

Dos reflexiones finales. En todo el mundo, los confinamientos han aumentado unos riesgos y reducido otros. Por ejemplo, crecieron de forma considerable las probabilidades de violencia doméstica y de maltrato infantil. El Fondo de Población de las Naciones Unidas calculó que, a raíz de las restricciones pandémicas, había habido aproximadamente 15 millones más de casos de violencia doméstica. Los confinamientos reiterados solo agravarán estas tragedias. La directora del fondo, Natalia Kanem, calificó de «totalmente calamitoso» el impacto de los confinamientos en las mujeres. Por su lado, en el Reino Unido las llamadas denunciando abusos infantiles aumentaron un 20 por ciento.

Cabe temer que los trastornos en los sistemas y servicios sanitarios de los países pobres y de renta media sean particularmente devastadores. Timothy Robertson y sus colegas de la Escuela de Salud Pública Johns Hopkins Bloomberg estimaron que los confinamientos pandémicos provocarían, como mínimo, 253.000 muertes adicionales de niños de menos de cinco años y 12.200 muertes más de madres en 118 de los países más pobres del mundo.[6] El peor escenario posible que analizaron presentaba unas dimensiones casi inconcebibles: el número de fallecimientos agregados era de 1,2 millones en el caso de los niños y de 56.700 en el de las madres. Alexandra Hogan y un equipo de científicos del Imperial College de Londres conjeturaron que las muertes debidas a VIH, tuberculosis y malaria podían aumentar un 10, un 20 y un 36 por ciento, respectivamente, a lo largo de los próximos cinco años debido a retrasos en el diagnóstico y el tratamiento a causa de la covid-19.[7]

Los costes económicos y humanos de los confinamientos resultan evidentes para todos. Los científicos de la OMS estimaron los recursos adicionales de asistencia médica que necesitaban 73 países de ingresos bajos y medios para dar respuesta a la covid-19. La cifra total ascendía a 52.000 millones de dólares americanos.[8] Fuera del sector sanitario, el impacto de la covid-19 ha sido demoledor de manera uniforme. En el Reino Unido, el Banco de Inglaterra pronosticó la depresión más profunda en 300 años, junto a un brusco incremento del desempleo y sin perspectivas de una recuperación rápida. Aunque países como los Estados Unidos, el Reino Unido, Brasil, España, Francia e Italia han sufrido efectivamente un desastre económico, no todos los países han salido igual de malparados. China fue la primera economía del G20 en superar la pandemia, antes incluso de que hubiera disponible vacuna alguna. En el primer trimestre de 2020, la economía china se contrajo un 6,8 por ciento, la primera disminución desde 1992; entre julio y septiembre, creció un 4,9 por ciento. China espera que el crecimiento general en 2020 sea positivo, un 2 por ciento, el único caso entre los integrantes del G20. El Fondo Monetario Internacional predice que la economía global se contraerá un 4,4 por ciento, la caída más acusada desde la Gran Depresión. La recuperación de China ha supuesto un doble bochorno para los países occidentales. Europa y los EE.UU. no solo pasaron por alto las advertencias chinas sobre la pandemia, sino que además el exceso de confianza, incluso la arrogancia, los llevó a subestimar la resiliencia del país asiático. La reactivación china es poco menos que extraordinaria.

Paradójicamente, también se han producido beneficios inesperados. Ha disminuido la incidencia de lesiones por accidentes de tráfico. Ha mejorado la calidad del aire. Han bajado las emisiones de gases de efecto invernadero. Según algunas estimaciones, gracias a esta disminución de riesgos se han evitado decenas de miles de fallecimientos.

¿Qué hace una sociedad, incluso una sociedad vigilante, para desenvolverse entre estas pérdidas y ganancias? En la medida en que podamos hacerlo, ¿cómo conservamos los beneficios acumulados mientras suprimimos las desventajas?

Quizá en la primera respuesta seria a las repercusiones de la covid-19, Slavoj Žižek vaticinó la posibilidad de que surgiera una «sociedad alternativa».[9] Aunque Žižek no cree que la pandemia nos vaya a volver más sensatos, seguramente acierta al sostener que «incluso los acontecimientos horribles pueden tener consecuencias positivas imprevisibles». Por eso afirma que las respuestas de los gobiernos puede que nos hayan vuelto a todos comunistas. No usa la palabra «comunista» en el sentido soviético, sino como expresión de «nuevas formas de solidaridad local y global», de «abandono de los mecanismos del mercado» para resolver problemas sociales y evitar una «nueva barbarie». No obstante, su conclusión de que la covid-19 ha precipitado la «desintegración de la confianza» en los gobiernos, dejando al descubierto «su impotencia básica», dista mucho de anunciar un renacimiento de la humanidad.

La respuesta de Ulrich Beck a los dilemas planteados por la sociedad del riesgo consistía en alentar una cultura de autocrítica más vigorosa:

> Solo cuando la medicina se opone a la medicina, la física nuclear se opone a la física nuclear, la genética humana se opone a la genética humana o la tecnología de la información se opone a la tecnología de la información, es posible que el futuro que está siendo preparado en el tubo de ensayo se vuelva inteligible y evaluable para el mundo exterior. Posibilitar la autocrítica en

todas sus formas no supone ninguna clase de peligro, sino que probablemente sea el único método mediante el cual los errores que tarde o temprano destruirían nuestro mundo se puedan detectar con antelación.[10]

En su libro *The Big Ones*, la sismóloga Lucy Jones lo expresa así: «La ciencia funciona solo cuando sus practicantes tienen libertad para sostener opiniones enfrentadas». Hemos de fomentar conversaciones (y críticas) más y mejor fundadas sobre el presente y el futuro, sobre qué clase de personas queremos ser, sobre el tipo de sociedad en la que queremos vivir y sobre lo que nos debemos unos a otros.

Este llamamiento a una mayor autocrítica suele encontrarse con cierta resistencia. En el punto álgido de la primera ola de la pandemia, cuando en el Reino Unido se hicieron comparaciones desfavorables entre la respuesta de Gran Bretaña a la covid-19 y las de otros países europeos, el profesor Chris Whitty, oficial médico jefe de Inglaterra, defendía lo siguiente:

> Hemos de aprender en el momento adecuado. Pero lo que no se puede hacer, francamente, es hacerlo en medio del problema. No estamos cerca ni mucho menos del final de esta pandemia. Hemos terminado la primera fase, pero aún queda un largo camino para que todos los países del mundo lleguen ahí. Creo que este no es el momento de hablar de quién ha ganado y quién ha perdido [...] Hagamos las críticas después, algo que sin duda debemos hacer, en el momento oportuno; todavía no estamos en este escenario, desde luego.

Ahora es el momento adecuado para revisar lo que ha ido bien y lo que ha ido mal. Mientras la pandemia iba evolucionando, entre los científicos del gobierno y los políticos hubo una cierta inhibición general. Y transcurrido un año desde el inicio de la epidemia, todo sigue igual.

De hecho, los colegas míos de la comunidad médica que sí alzaron la voz para comentar (y, en efecto, criticar) la respuesta del gobierno británico fueron a menudo «llamados al orden» por colegas más veteranos que recomendaban silencio, temiendo quizá algún castigo en forma de pérdida de financiación a la investigación o futuras exclusiones de puestos y comités poderosos y prestigiosos. Sin embargo, los que criticaban no querían cortar cabelleras ni echar la culpa a nadie, sino que el gobierno rindiera cuentas de sus decisiones. Un profesor de salud global, que había denunciado la situación pero había sido presionado por su propia institución para que guardara silencio, me escribió así: «Es que no entiendo por qué los profesores universitarios no podemos opinar libremente. ¿Libertad de expresión? Muchos veteranos se quedan callados. Mientras mueren a miles».

Afortunadamente, sus alegatos no fueron pasados por alto. Academias científicas, comités parlamentarios, centros de reflexión y comisiones independientes se pusieron a trabajar para averiguar qué había salido mal. En *The Lancet*, una comisión de la covid-19 presidida por el economista Jeffrey Sachs juntó a equipos de expertos internacionales para determinar los orígenes de la covid-19 y el modo de evitar futuras pandemias zoonóticas, la manera de dominar la pandemia y mantener la prevalencia del virus lo más baja posible, el papel de los sanitarios de primera línea en el combate contra el populismo político, la importancia de las desigualdades en la sociedad –que agravaban muchísimo los efectos del SARS-CoV-2–, la forma de llenar el agujero negro económico provocado por la pandemia, el modo de garantizar un acceso justo a los nuevos tratamientos y vacunas, la propuesta de una recuperación verde basada en la creación de empleo, y la manera de fortalecer la cooperación global cuando se trata de afrontar una emergencia global.

Tal vez nos haga falta otra actitud mental. En la actualidad, es muy frecuente elogiar el optimismo y condenar el pesimismo. Nadie quiere escuchar a quien solo transmite pesadumbre. Seguramente es mejor ser un entusiasta impaciente: contemplar el mundo de forma positiva, asumir un enfoque dinámico, ser valiente y animoso, creer que nuestros problemas comunes se resolverán. Podemos descubrir nuevos fármacos para desactivar un virus. Podemos diseñar una vacuna nueva que nos proteja de infecciones futuras. Podemos eliminar la amenaza de una futura pandemia. Puede ser.

Sin embargo, el optimismo también puede cegarnos, infundirnos una sensación de poder y exceso de confianza, y ocultar los peligros reales que deberíamos asumir, comprender y abordar con humildad y atención. Los seres humanos estamos condenados a sufrir el sesgo de optimismo. Tendemos a sobrevalorar la probabilidad de que en la vida pasen cosas buenas.

Benjamin Fondane (1898-1944), judío rumano emigrado a Francia en 1923, fue deportado a Auschwitz en 1944 y asesinado dos semanas antes de que en 1945 llegaran los soviéticos para liberar el campo. En sus fragmentarios escritos, Fondane ponía en entredicho la influencia del racionalismo excesivo como solución a las complicadas situaciones a las que se enfrenta la humanidad:

> Si el resultado final de cuatro siglos de humanismo y la apoteosis de la ciencia ha sido solo un regreso a los peores horrores [...] quizá el fallo está en el propio humanismo, que carecía demasiado de pesimismo, que apostó en exceso por el intelecto divino y soberano, y rechazó más de lo debido al hombre verdadero, al que habíamos tratado como un ángel solo para reducirlo finalmente a un nivel inferior al de las bestias.[11]

Una apelación a un mayor pesimismo en nuestros tratos con el mundo tal vez no parezca una fórmula muy estimulante para evitar la próxima pandemia; pero si los científicos y los políticos que asesoraron y tomaron decisiones en nuestro nombre hubieran sido un poco más pesimistas en sus predicciones y decisiones, habrían evitado la muerte de centenares de miles de conciudadanos suyos de todo el mundo.

El pesimismo no tiene por qué apagar nuestras esperanzas de un futuro mejor. Tener esperanza es desear un resultado concreto en nuestra vida. Podemos proteger y, de hecho, intensificar nuestras esperanzas mediante una perspectiva que no oculte lo peor que puede pasarnos.

Si miramos al futuro, sentiremos la tentación de decir que deberíamos estar agradecidos por lo que tuvimos antes de la covid-19. Nos veremos alentados a elogiar el orden de nuestra existencia pasada, a estar complacidos con la armonía de nuestras disonancias. La apuesta por el *statu quo* se verá ensalzada, incluso glorificada. Sin embargo, no debemos ser tolerantes con las convenciones del pasado. Hay un lugar intermedio entre la normalidad y la utopía, un lugar por el que valga la pena luchar. Nos concierne a nosotros descubrir ese lugar. Como señalaba Herbert Marcuse, la tolerancia «protege la maquinaria ya establecida de la discriminación»; es «un instrumento para mantener el sometimiento». Si después de la covid-19 hay esperanza para una sociedad más humana –una visión digna habida cuenta de la devastación provocada por el virus–, deberemos esforzarnos por cultivar una mayor sensibilidad contra la intolerancia.

Hacia la próxima pandemia

Ha llegado el momento en que los países deben aceptar o bien una muerte
horrible, o bien cuidar de sus cuerpos como cuidan de sus mentes, en que los
gobiernos deben asumir el desarrollo tanto material como racional de la especie
humana y preocuparse tanto por la ropa, la dieta, la gimnasia y en realidad la
carne de los gobernados, en todas sus formas, como se preocupan, o es de esperar
que se preocupen, de la inteligencia de las personas.

MICHEL CHEVALIER (1832), citado por François
Delaporte, *Disease and Civilization* (1986)

La covid-19 juntó un mundo dividido para dividirlo aún más. La comunidad internacional fue incapaz de unirse para superar las peores consecuencias de la pandemia. Como señaló al principio del brote el secretario general de la ONU António Guterres, la covid-19 desencadenó un «tsunami de odio y xenofobia, alarmismo y búsqueda de chivos expiatorios». Todavía estamos pasando por un período de ansiedad e inestabilidad social, económica y política sin precedentes; y seguiremos así durante algunos años.

El virus que provocó la covid-19 no va a desaparecer. Muchos países ya han experimentado varias olas. Si este coronavirus tiene un carácter estacional, volverá una y otra vez. Lo máximo a lo que podemos aspirar es a la coexistencia pacífica. En todos los países traumatizados por la muerte de miles de ciudadanos, habrá investigaciones oficiales. Desde luego habrá también indagaciones internacionales sobre los orígenes, el recorrido y las consecuencias de la pandemia. Se elaborarán largas listas de recomendaciones; algunas quizá incluso se sigan. La crisis de la covid-19 se traducirá en un sentido renovado de la centralidad de la salud en la sostenibilidad futura de la sociedad actual.

Slavoj Žižek tiene razón: los desastres son catalizadores de cambio político y social significativo y sorprendente. He aquí lo que las sociedades deben hacer −o al menos lo que debemos esperar que hagan− si quieren evitar los estragos más extremos de la próxima pandemia.

Dentro de cada país, el fallido régimen de formulación de políticas científicas será cuestionado y reformado −se diseñarán mecanismos que reúnan a un amplio conjunto de especialistas cuya tarea será evaluar y determinar los riesgos de forma transparente y más autocrítica. No solo mejorará la información al gobierno, sino que también se optimizará la toma de decisiones con el fin de que sea más rápida y clara. Se crearán sistemas de salud resilientes que estarán mejor preparados para aguantar el impacto de nuevas enfermedades que surjan de improviso. La salud y la asistencia social se integrarán en un sistema sanitario único. Tras valorar mejor sus aportaciones, se reconocerá (y recompensará) a los trabajadores clave. La desigualdad ascenderá en la lista pública de prioridades políticas. En 2013, el primer ministro del Reino Unido, Boris Johnson (entonces alcalde de Londres), sostenía que «la desigualdad era esencial» para el éxito de la sociedad. «El peso de la envidia», decía, era «un valioso acicate para la actividad económica». Esta idea dejará de ser aceptada. Los gobiernos combatirán la desigualdad con toda el alma de su ser político. Por otro lado, los países que alberguen mercados de animales vivos empezarán a clausurarlos.

A escala mundial, los gobiernos trabajarán conjuntamente para reforzar y reformar la OMS, la única organización internacional capaz de dirigir y coordinar la respuesta global a una pandemia. Bajo la presidencia de Biden, los EE.UU. volverán al redil de la cooperación multilateral y liderarán nuevos esfuerzos para que el mundo sea resistente a las pandemias. Para estar más alerta ante la posible aparición de nuevas amenazas infecciosas, los países deberán entender que la salud no es simplemente un asunto interno sino una cuestión de política exterior básica para la seguridad nacional. Colaborarán para garantizar que todo el mundo avance hacia el objetivo de una cobertura sanitaria universal, pues para la seguridad sanitaria global es indispensable la individual. Los países cooperarán para compartir datos y derrotar a la desinformación. Y poco a poco encontrarán la manera de reforzar su propia rendición de cuentas a fin de satisfacer los estrictos requisitos del Reglamento Sanitario Internacional.

De todos modos, aparte de estos importantes avances técnicos para mejorar la seguridad humana –que supondrán enormes beneficios colaterales para la sociedad–, habrá también cambios trascendentales en la trayectoria del género humano. Arundhati Roy ha descrito la covid-19 como «un portal, una puerta de enlace entre un mundo y el siguiente».[1] ¿Cómo podría ser ese otro mundo?

La covid-19 cambiará las sociedades. La covid-19 ha sacado a la luz los puntos débiles letales de nuestros Estados nación. Los costes económicos –cese de negocios, más desempleo, menos crecimiento– amenazarán el futuro de toda una generación. La nueva normalidad incluirá una sociedad y un Estado vigilantes. Hemos de aceptarlo. La amenaza planteada por esta pandemia subrayará la importancia de proteger y fortalecer la salud de las civilizaciones y los sistemas naturales de los que dependen: lo que cabría denominar «salud planetaria». Nuestros museos están llenos de vestigios de pueblos antiguos que en otro tiempo creyeron que sus sociedades eran estables y sólidas. La covid-19 ha puesto claramente de relieve la fragilidad de nuestras civilizaciones. Los determinantes políticos, económicos, sociales, tecnológicos y medioambientales de una sociedad sostenible y estable serán asuntos de suma importancia política. Se redefinirá la idea de progreso: la vuelta atrás será una posibilidad muy presente. Según el economista jefe del Banco de Inglaterra, las sociedades han subestimado la importancia del capital social como estabilizador contracíclico.[2] Los legisladores prestarán más atención al fortalecimiento de la red de relaciones entre las personas que viven y trabajan en sus respectivas sociedades.

La covid-19 cambiará los gobiernos. Los políticos han entendido que una pandemia es una crisis política, no solo una crisis sanitaria: las pandemias exigen liderazgo político al más alto nivel. Los presidentes y los primeros ministros también han percibido, a veces mediante su propia enfermedad, la responsabilidad que les ha sido otorgada para proteger la vida y el sustento de su gente, sobre todo los más pobres y marginados: confiar solo en los mercados para resolver los problemas de la sociedad no es suficiente. Los partidos políticos y la administración pública de un país incorporarán más científicos a sus filas. Para gobernar, cada vez será más necesario tener conocimientos científicos. Los gobiernos se tomarán más en serio las ideas de liderazgo y cooperación a escala regional y global. Los esfuerzos para evitar repetidas olas de contagios exigirán una coordinación sin parangón histórico entre los países. Los gobiernos entenderán que, para derrotar a una amenaza común, actuar juntos, a menudo en sincronía, es un método más efectivo que actuar cada uno por su cuenta. Valorarán la importancia de que la gente confíe en el orden público. Quizá los políticos se planteen la posibilidad de reorientar sus presupuestos militares hacia la prevención sindémica: combatir la desigualdad y los problemas de salud al tiempo que se frenan nuevas oleadas de infección.

La covid-19 cambiará a la gente. Los ciudadanos reclamarán sistemas de salud pública y servicios sanitarios más sólidos. Nuestras exigencias aumentarán. Aplaudiremos el renacimiento del Estado. La salud acaso llegue a provocar cierta obsesión además de inquietud. Las preocupaciones por la salud y el riesgo de pandemias futuras suscitarán debates sobre la organización de la sociedad. Para los ciudadanos, la enfermedad dejará de ser una patología del cuerpo: pasará a ser una patología de la sociedad. La gente exigirá sistemas de protección social más fuertes, especialmente para los más vulnerables. Redescubriremos la idea de comunidad. Y acabaremos aceptando que el riesgo de contagio –y de muerte– es una solución de compromiso necesaria para recuperar valiosas libertades perdidas.

La covid-19 cambiará la medicina. El concepto de One Health [Una Salud] llegará a ser una nueva prioridad. One Health reconoce que la salud de los seres humanos y la salud de los animales están estrechamente conectadas. Los trabajadores sanitarios y sus instituciones tendrán más voz en la sociedad. Se contratará y se formará a más trabajadores de la salud. Los sistemas de salud pública se verán reforzados. Se tendrá en mayor estima el bienestar de los trabajadores sanitarios. Los médicos y los investigadores médicos exigirán más de los políticos y se postularán para participar en la toma de decisiones. Se prestará más atención a la salud de las poblaciones clave: los ancianos de las residencias, las comunidades étnicas minoritarias, los inmigrantes y los refugiados, o los que viven en circunstancias de precariedad generalizada. La tecnología digital transformará la forma de brindar asistencia, sobre todo en la atención primaria. Aumentarán las inversiones en ciencias médicas (sobre todo salud pública).

La covid-19 cambiará la ciencia. Se acelerará el ritmo de las investigaciones y la labor científica estará más integrada en la atención clínica. La covid-19 ha demostrado que se puede hacer ciencia –y en concreto ensayos controlados aleatorios de vacunas y medicamentos nuevos– en medio del caos pandémico. Gracias a la investigación contaremos con un nuevo surtido de tecnologías para diagnosticar, tratar y prevenir la covid-19. La Administración de Medicamentos y Alimentos de los EE.UU. dio la aprobación de emergencia al remdesivir. Se están estudiando otros antivirales. Al parecer, los anticuerpos monoclonales son terapias especialmente prometedoras. En octubre de 2020, Regeneron Pharmaceuticals administró a Trump un cóctel de anticuerpos monoclonales. Aunque no se puede demostrar que su rápida recuperación se debiera a este tratamiento nuevo, muchos científicos están lo bastante entusiasmados para someter a estudio clínico más de cien anticuerpos similares. Los cócteles de anticuerpos para la prevención y el tratamiento de enfermedades graves serán la norma. Entretanto, están realizándose estudios preclínicos con varios centenares de candidatos a vacuna. En la actualidad, muchos se hallan en las últimas fases de los ensayos. Los peligros del nacionalismo terapéutico y vacunal serán graves. Se descubrirá una manera de garantizar un acceso equitativo a las nuevas tecnologías sanitarias. En la ciencia de la covid-19, un principio ético rector será la equidad: las distintas poblaciones del mundo deben tener las mismas posibilidades de acceder a los productos de la investigación científica. Una iniciativa invita al optimismo: COVAX es una alianza global sin precedentes para garantizar que todos los países participantes, con independencia del nivel de ingresos, dispongan de una vacuna para la covid-19 cuando ya esté desarrollada. El objetivo es tener a finales de 2021 dos mil millones de dosis de vacunas, suficientes para proteger a los trabajadores sanitarios de primera línea y a las poblaciones de riesgo especialmente vulnerables. Los datos científicos adquirirán mucha más importancia a la hora de tomar decisiones políticas. La transparencia en torno a estos datos y su nivel de certeza serán esenciales para mantener la confianza pública en la ciencia. Surgirán nuevas esferas de conocimiento. Las enfermedades zoonóticas –provocadas por un virus, una bacteria o un parásito que salta de un animal a un ser humano– pasarán a ser una preocupación científica máxima.

Cada uno hace sus propias observaciones e interpretaciones sobre la covid-19. Las ansiedades atemperan mis esperanzas.

Me preocupa que nuestra generación de dirigentes políticos sea incapaz de aprovechar las oportunidades que se les presentan. Nada parece indicar que algún líder actual esté dispuesto a ir más allá de sus intereses soberanistas, todo lo contrario: en muchos países, se aprecian claros indicios de un nacionalismo emergente, más despiadado y encerrado en sí mismo. Por lo visto, existe la idea de que soberanía es equivalente a control, y el control es nuestra protección primordial. Pero esta pandemia ha demostrado a todas luces que el dominio sobre un territorio proporciona una seguridad ilusoria. Si la vía emprendida por los Estados nación es el aislamiento, no hay posibilidad alguna de evitar los peores males de una pandemia futura.

Me preocupa que muchas de las cuestiones trascendentales para nuestro futuro −que estaban discutiéndose mucho antes del mazazo de la covid-19− se estén dejando de lado: la pobreza, la desnutrición, la falta de acceso a la educación, la desigualdad de género (y desigualdades en un sentido más amplio), la emergencia climática, la contaminación de los mares, o las guerras y los conflictos en general. Los lectores acaso reconozcan esta lista de preocupaciones. Constituyen algunos de los Objetivos de Desarrollo Sostenible (ODS), una extraordinaria serie de compromisos políticos respaldados por todos los países, con un plazo de entrega situado en 2030. Los ODS son una promesa que hacemos a nuestros hijos. La covid-19 no debe desviarnos −al menos no demasiado− ni impedirnos alcanzar el objetivo del desarrollo humano sostenible. No debemos trasladar los costes de la covid-19 a la generación siguiente.

Me preocupa que una consecuencia de la covid-19 sea el desdén, y sin duda una mayor hostilidad, hacia China. El manifiesto racismo que ha provocado la covid-19 hacia los chinos es un error además de una fatalidad. China puede aportar mucho para resolver algunos de los problemas más graves que afrontamos como comunidad humana. Su perspicacia científica, su capacidad para innovar y un deseo cooperador entre sus mejores mentes −todas ellas cualidades perceptibles que yo he visto crecer en la medicina y la ciencia médica chinas a lo largo de dos décadas− deberían ser bien recibidos y aprovechados para el bien común global. Vincular más a China a la comunidad internacional favorecerá la elaboración de normas comunes entre los países. Esta convergencia de valores y conductas fue una consecuencia del satisfactorio control del SARS en 2002-2003. Si la covid-19 inaugurara una nueva fase de división entre los países, estaríamos ante una gran oportunidad perdida.

Me preocupa que perdamos la capacidad de conmocionarnos. En su llamamiento de 1947 a los médicos para que combatieran la peste, Albert Camus escribió esto: «No deben nunca, pero nunca, acostumbrarse a ver a los hombres morir como moscas, según ocurre en nuestras calles hoy, y según ha venido ocurriendo siempre, desde que la peste recibió su nombre en Atenas».[3] Hemos de seguir siendo capaces de horrorizarnos ante la incompetencia de los gobiernos, la corrupción del poder y la connivencia entre las élites. Y debemos estar preparados para reaccionar ante estos sentimientos de horror.

Me preocupa que el miedo acabe siendo un nuevo principio rector de la sociedad. La distancia física evolucionará como norma en nuestras relaciones. La confianza mutua se desintegrará. En los autobuses y trenes, los asientos nos alejarán. Los cines y teatros limitarán sus audiencias y quizá su capacidad para emocionarnos. Los bares y restaurantes antepondrán la segregación a la asociación. Las culturas se marchitarán. Según Lars Svendsen, «el miedo ha llegado a ser una característica fundamental de toda nuestra cultura».[4] ¿Y si creamos una sociedad que prefiere reducir lo malo en vez de estimular lo bueno? Svendsen señala que el miedo está estrechamente unido a la incertidumbre. Sin embargo, como he intentado demostrar, la incertidumbre es esencial para nuestro futuro. Si permitimos que el miedo a la incertidumbre nos devore, experimentaremos un deterioro inasumible en las condiciones de vida.

Y me preocupa que olvidemos los hechos y las lecciones de la covid-19 como olvidamos los hechos y las lecciones del SARS en 2002-2003. Más de 1,5 millones de muertos en todo el mundo suponen a buen seguro un acontecimiento significativo en la historia humana. Al menos deberíamos plantearnos si tenemos la obligación de recordar. Las familias tendrán presentes las vidas individuales perdidas, por supuesto. Pero estoy pidiendo algo más. ¿Tiene una comunidad global la obligación de recordar, haciendo referencia no solo a un conglomerado de recuerdos individuales sino también a una memoria compartida que nos empuje a actuar? Creo que sí, en parte porque esta memoria compartida es la deuda que tenemos con quienes murieron, y en parte porque necesitamos recordarnos a nosotros mismos lo que hemos de hacer para impedir que esta tragedia evitable se repita. Sea a través de monumentos físicos, de ceremonias conmemorativas o de instituciones comunitarias, la creación de esta memoria compartida es importante pues, como ha señalado Avishai Margalit, «una adecuada comunidad de memoria puede ayudar a moldear una nación».[5]

La covid-19 nos ha brindado la oportunidad para reconsiderar las bases éticas de nuestra sociedad. El virus se ha cobrado, y sigue cobrándose, muchas vidas: no podemos volver a nuestro viejo mundo como si de algún modo fuera posible omitir ese hecho. En honor de las vidas perdidas, hemos de vivir de otra manera. Ahora mismo no afrontamos solo una crisis social, económica y política de enormes proporciones, sino también una provocación moral.

El capitalismo tiene muchas virtudes. Sin embargo, la versión extrema del capitalismo surgida durante los últimos cuarenta años, que algunos críticos denominan «neoliberalismo», ha debilitado algo fundamental del tejido social. Estas carencias han contribuido a la trágica cifra de fallecimientos. Después de la covid-19, ya no es admisible considerar a las personas como medios y no como fines. En cuanto hayamos resucitado de esta pandemia, ¿seremos capaces de parar un momento para redefinir juntos nuestros valores y objetivos? A decir verdad, parece que durante la pandemia sí aprendimos a valorarnos unos a otros. Aunque aislados, nos acercamos más. Dedicamos tiempo a interesarnos por la salud de los otros. Relajamos nuestras exigencias y nos volvimos más generosos en los elogios. Dimos explícitamente prioridad al bienestar por encima de la riqueza.

Mientras actualmente los países están acometiendo la enorme tarea de vacunar a sus poblaciones, los líderes políticos quizá deseen mirar hacia atrás y recordar uno de los mayores logros científicos y humanitarios del siglo xx por si les sirve de guía. En 1977, se diagnosticó el último caso de viruela de origen natural. El primer compromiso de la OMS para erradicar el virus data de 1959. En 1967, la organización intensificó su programa. En esa época, se producían cada año entre 10 y 15 millones de casos en 31 países endémicos. El esfuerzo requerido parecía inconcebible. El programa de la OMS de eliminación de la viruela fue dirigido por D.A. Henderson, un hombre a quien cabe atribuir el mérito de haber dado la puntilla a la única enfermedad erradicada de la historia de la humanidad. Henderson escribió mucho sobre las lecciones aprendidas al respecto.

Para el éxito contra la viruela, la clave estuvo en el compromiso político universal. Por otro lado, el papel de la OMS fue importantísimo. Aunque la organización no podía obligar a los países a implicarse en la erradicación de la enfermedad, su liderazgo moral fue decisivo. Los empleados de la OMS no eran solo asesores técnicos, sino que acabaron siendo fervorosos defensores de la idea. La organización dirigió la campaña global contra la viruela creando un programa especial focalizado, con una plantilla corta y entregada que insistía en la importancia del control de la enfermedad a escala comunitaria. Se fijaron objetivos claros. La meta final era la erradicación. No obstante, a lo largo del proceso, se establecieron también objetivos secundarios, como la exhaustividad en las notificaciones de casos individuales. Se priorizó el control de calidad de la vacuna. El eje del esfuerzo era el liderazgo y la gestión descentralizados del programa a escala regional y nacional. Las investigaciones pertinentes sustentaban todas estas acciones, superando obstáculos a medida que aparecían. Por último, los certificados de erradicación, concedidos por comisiones internacionales independientes, a algunos gobiernos nerviosos les dieron la seguridad de que estaban haciéndose progresos. «Son posibles logros extraordinarios», escribió Henderson, «cuando países de todo el mundo se proponen alcanzar objetivos comunes en el seno de la estructura proporcionada por una organización internacional. La OMS desempeñó este papel en la erradicación de la viruela».

El coronavirus con el que lidiamos actualmente no es la viruela; sin embargo, lo que aprendimos en la lucha contra la viruela es de clara aplicación ahora. Primero, un esfuerzo global para controlar el SARS-CoV-2 exige un organismo coordinador global: la OMS. Aunque la reputación de la OMS se vio reforzada por su labor con la viruela, los ataques del presidente Trump han dañado la imagen internacional de la organización. Ahora los países deberán renovar su compromiso con la OMS y su director general, Tedros Adhanom Ghebreyesus, y aumentar su inversión en la misma. Es la OMS la que debe contar con la confianza de los países miembros para coordinar la respuesta operativa a la covid-19. La OMS tiene que movilizar sus seis oficinas regionales. El gobierno de los EE.UU. y su nuevo presidente han de desempeñar un papel clave en el renacimiento de la OMS y la movilización de recursos para el control global de la covid-19. Segundo, la OMS debe crear un programa especial con plazos concretos para la prevención, el tratamiento y el control de la covid-19. Este programa ha de establecer objetivos claros y cuantificables. La erradicación no será uno de los objetivos. En la actualidad, este coronavirus está demasiado incrustado en la comunidad para poder ser erradicado. No obstante, sí es viable acabar con la transmisión comunitaria. Tercero, en sus esfuerzos por el control los países deben priorizar tanto la gestión como la medicina. La gestión se refiere a una red de empleados formados, la asignación de recursos económicos suficientes, la inversión en capacidad logística y el desarrollo de una estrategia operativa realista. Cuarto, la inversión continua en investigación sobre la covid-19 será decisiva. El primer año de la pandemia ha revelado la extraordinaria contribución de la ciencia a nuestro conocimiento del SARS-CoV-2. Ahora no es el momento de dar pasos atrás en las inversiones en ciencia sobre la covid-19. Por último, la OMS debería crear un mecanismo de rendición de cuentas independiente para supervisar las respuestas de los países y ofrecer soluciones cuando dichas respuestas parezcan insuficientes. El legado de Henderson es del todo pertinente en la actualidad. Todos los responsables sanitarios harían bien en tener a mano una copia releída y anotada de la explicación de Henderson sobre la erradicación de la viruela.[6]

La historia importa. En cualquier caso, el futuro escenario de la preparación pandémica global difiere mucho del de la década de 1970. Durante la próxima década surgirán dos ideas importantes. En primer lugar, el concepto de seguridad sanitaria global, es decir, cómo logramos que los países protejan el mundo. Segundo, la cobertura sanitaria universal, esto es, cómo creamos sistemas de salud que protejan a los ciudadanos si sobreviene una pandemia. Parte de la dificultad es que estas dos nociones han evolucionado de forma paralela, desconectadas una de otra. En el futuro, hemos de entender la seguridad como una dimensión esencial de la salud y la salud como una condición previa fundamental de la seguridad.

En una colaboración entre profesores universitarios y legisladores en el centro de estudios Chatham House de Asuntos Exteriores, Arush Lal y sus colegas han explorado lo que la armonización de la seguridad sanitaria global con la cobertura sanitaria universal puede significar en la preparación para una pandemia.[7] La seguridad sanitaria global equivale a la capacidad para prevenir, detectar y responder a una amenaza pandémica. Si un país quiere estar protegido contra las pandemias, sus necesidades están claras. Entre ellas se incluye disponer de medios para evitar las zoonosis, supervisar la seguridad alimentaria, proteger contra la exposición a agentes químicos y radiación, establecer una comunicación de riesgos efectiva y empezar a vigilar las fronteras nacionales. La detección de patógenos nuevos requiere una red de laboratorios descentralizada, mecanismos de alerta anticipada y capacidad de gestión de los acontecimientos a medida que ocurren. Las respuestas de emergencia precisan personas, recursos, infraestructuras y protocolos. La cobertura sanitaria universal requiere un conjunto complementario pero diferenciado de «componentes»: personal sanitario, servicios de atención médica, sistemas de información, medicamentos y vacunas, financiación y liderazgo.

La covid-19 puso de relieve la asimetría entre la seguridad sanitaria global y la cobertura sanitaria universal. Los EE.UU. cuentan con las tecnologías más avanzadas para garantizar su seguridad sanitaria interna. Sin embargo, es el país que más penosamente ha fracasado a la hora de reaccionar con efectividad ante esta pandemia. ¿Por qué? La explicación, al menos parcial, estriba en su sistema de salud ridículamente fragmentado. Por su parte, en el Reino Unido hay un sistema sanitario de financiación pública que constituye un modelo de protección social a escala mundial, que, de todos modos, tampoco actuó como es debido para proteger, detectar y responder a la amenaza del coronavirus.

¿Qué significa en la práctica la armonización entre la seguridad sanitaria y la atención médica? Esta es la agenda urgente que hay que poner en marcha después de la pandemia: en palabras de Arush Lal y sus colegas, «un planteamiento radicalmente renovado de la gobernanza de la salud global». Primero, la integración: las capacidades de seguridad sanitaria global deben incrustarse como rutina en unos sistemas de atención médica universales y exhaustivos. Segundo, la financiación: incremento del gasto interno en salud y abandono del enfoque minimalista de centrarse en las «capacidades esenciales». Tercero, la resiliencia: la capacidad para enfrentarse a crisis sanitarias. Por último, la equidad: no dejar atrás a ningún miembro de la comunidad mediante la protección de los derechos de todos, incluyendo a los más vulnerables, los excluidos y los marginados. Ahora un nuevo fracaso en el futuro no tendría excusa. Sabemos cómo conseguir que la sociedad sea segura. La cuestión será esta: los dirigentes políticos, ¿tendrán la valentía para invertir en la protección de sus países a largo plazo? Y nosotros, la gente, ¿tendremos la valentía de exigírselo?

De la pandemia de la covid-19 no debemos aprender una única lección final universal. No vamos a descubrir un significado primordial en las vidas innecesariamente perdidas –salvo, quizá, esta reflexión. La covid-19 no es un acontecimiento, sino que ha definido el comienzo de una época nueva. Ha hecho falta un virus para conectarnos en la vida y en la muerte. Me parece que ahora entendemos nuestra interdependencia y unidad extraordinarias como especie. Sin embargo, el mundo está organizado y ordenado bajo el criterio de separación, de partición: países y continentes, lenguajes y creencias, sistemas políticos y lealtades ideológicas.

Desde luego hemos de utilizar esta ocasión para resistir y poner en entredicho cualquier idea de distanciamiento, y para oponerse a los prejuicios. Debemos utilizar este momento para fomentar la solidaridad, el respeto mutuo y la preocupación recíproca. Mi salud depende de tu salud. Tu salud depende de mi salud. No podemos escapar uno de otro. Las libertades que tanto valoramos dependen de la salud de todos. No podemos decir que la política y las prioridades de mi país no te incumben. Sí te incumben, y además de forma legítima. Del mismo modo, yo tengo un interés legítimo en la política y las prioridades del tuyo. La soberanía ha muerto.

Después de la covid-19, asistiremos al comienzo de una nueva era de relaciones sociales y políticas, en la que se alcanzarán las libertades mediante nuevos sistemas de colaboración y comunicación. Uno puede estar orgulloso de su cultura y su identidad nacional. No obstante, la covid-19 también pone de manifiesto la importancia que hemos de dar a la identidad humana global. Somos seres sociales. Somos seres políticos. La covid-19 nos ha enseñado que también somos seres que nos necesitamos mutuamente.

Epílogo

Mientras escribo estas palabras finales, en la mesa de al lado tengo las pruebas definitivas del trabajo de investigación que describe la seguridad y la eficacia de la vacuna Oxford/AstraZeneca para la covid-19.[1] El artículo se publicará en los próximos días. Los resultados recogidos en el documento abren la puerta a un nuevo año de esperanza después de tantas penurias y adversidades. El estudio de Oxford describe los resultados de un ensayo aleatorio en fase III realizado con 11.636 personas del Reino Unido y Brasil. En los que recibieron dos dosis estándar de la vacuna, la eficacia fue del 62 por ciento, muy por encima del umbral del 50 por ciento establecido por la OMS y la Administración de Medicamentos y Alimentos de los EE.UU. como nivel mínimo de efectividad requerido para que una vacuna sea aprobada. Curiosamente, en los participantes que al principio recibieron una dosis baja seguida de una dosis estándar, la eficacia de la vacuna fue del 90 por ciento, resultados equiparables a los de las vacunas de ARNm de BioNTech y Moderna. Se consideró que un efecto adverso grave –un caso de mielitis transversa, o inflamación de un segmento de la médula espinal– estaba relacionado con la vacuna. El equipo de Oxford escribió que su vacuna «presenta un perfil de seguridad aceptable y es eficaz contra la covid-19 sintomática». Esta prosa científica emocionalmente neutra oculta el enorme entusiasmo provocado por los datos de Oxford. Los hallazgos de los autores constituyen la primera prueba revisada por pares de que la inducción de respuesta inmunitaria ante el SARS-CoV-2 procura protección contra la enfermedad en los seres humanos. Las investigaciones han demostrado la efectividad de su vacuna basada en vectores virales en dos poblaciones, lo que pone de manifiesto el carácter generalizable de sus resultados entre países. Las vacunas de ARNm son también increíbles historias de éxito científico. En cualquier caso, la vacuna de Oxford tiene la ventaja de requerir solo temperaturas de frigorífico para su transporte y almacenamiento. En el manuscrito destaca una frase. En la letra pequeña de los agradecimientos, Sarah Gilbert, Andrew Pollard y otros escriben lo siguiente: «Los autores dedican este trabajo a los numerosos trabajadores sanitarios que han perdido la vida durante la pandemia». El 24 de enero se publicó en *The Lancet* el primer artículo que describía el brote de covid-19 de Wuhan y dibujaba el perfil de la inminente pandemia. El artículo de Oxford se publicará el 8 de diciembre: 321 días, un año corto.

No obstante, el virus está cambiando. En noviembre de 2020, en Dinamarca fueron sacrificados 12 millones de visones. El SARS-CoV-2 había saltado desde el ser humano a un animal; y en el proceso, el código genético responsable de producir la importante proteína de la espícula, o proteína S, sufría cuatro mutaciones. Esta cepa mutante del coronavirus, denominada «mutante delta-FVI de la proteína S», no era neutralizada muy eficazmente por anticuerpos de pacientes recuperados de covid-19 si comparamos con los virus no mutados. Enseguida surgió el miedo a que esta versión del virus pudiera escapar a la protección de una vacuna efectiva. La situación era seria, pues la cepa mutante ya había pasado desde los visones otra vez a la población humana. En Dinamarca, se había aislado el delta-FVI en doce personas. Si había que garantizar la eficacia de las vacunas, había que eliminar el origen de la cepa mutante. El inevitable resultado fue una matanza selectiva.

En la actualidad, tenemos varios ejemplos preocupantes de mutaciones que se han producido en el SARS-CoV-2, la mayoría de las cuales provocan la extinción del virus. No obstante, algunas pueden conferirle ventajas selectivas que incrementen su capacidad para transmitirse o causar enfermedad. Una mutación que ha despertado especial interés se conoce como D614G,[2] que se produce nuevamente dentro de la secuencia genética que codifica la proteína S. Según ciertos estudios de laboratorio, la D614G es más infecciosa. Cuando se supervisa en poblaciones humanas, esta variante parece desplazar a su yo anterior no variante. Por otro lado, en modelos animales de covid-19, la D614G muestra una mayor replicación en las vías aéreas superiores y una transmisión más fácil de un individuo a otro. Aún no sabemos si este mutante concreto llegará a dominar la propagación del virus. No sabemos si la D614G hace que la enfermedad sea más grave en los seres humanos. Y no sabemos si puede burlar la protección de las vacunas que actualmente están siendo desplegadas en programas nacionales de inmunización masiva. Sin embargo, sí sabemos que esta versión del virus está asociada a mayores cantidades de patógeno en los contagiados y parece estar relacionada con la infección a una edad más temprana. Otro mutante que nos pide cautela es la variante N439K de la proteína.[3] Este coronavirus mutante se une con más fuerza al receptor ACE2, lo que le permite entrar en la célula humana. Esta variante también es capaz de evitar los efectos de los anticuerpos que por lo general neutralizan el virus. La cepa B.1.1.7, que surgió a finales de 2020, es otro ejemplo incluso más extremo de divergencia genética respecto a la original surgida en Wuhan.

No todas las mutaciones son malas. En Singapur, unos médicos detectaron una variante del SARS-CoV-2 (con una parte del genoma suprimida) que estaba asociada a enfermedad clínica menos grave.[4] Los pacientes contagiados de ese coronavirus mutante tenían menos fiebre, presentaban menos señales de inflamación de origen viral y requerían menos terapia suplementaria de oxígeno. Su infección era bastante más leve. La evolución puede ir en ambas direcciones. Actualmente es imposible predecir cómo evolucionará el SARS-CoV-2. En todo caso, por desgracia todavía hay muchísimas personas susceptibles de infectarse, lo cual significa que la posibilidad de que aparezca un virus mutante que escape a la protección de la vacuna no es desdeñable. (Este fenómeno explica, por ejemplo, por qué cada año hace falta un nuevo tipo de vacuna para la gripe.) Hasta ahora, ninguna variante se ha replicado lo bastante y con el suficiente éxito para hacer peligrar los programas de vacunación. No obstante, en esta fase inicial de la pandemia es demasiado pronto para rechazar la posibilidad de un fracaso vacunal. La cruda verdad es que el virus del SARS-CoV-2 es capaz de evolucionar sin perder su capacidad patológica. Controlar la evolución de este coronavirus será fundamental para garantizar que los programas de vacunación se llevan a cabo con normalidad.

También hará falta fomentar la confianza en las vacunas. Mientras estoy ocupado en las pruebas vacunales de Oxford, llega la noticia de que el 35 por ciento de los británicos probablemente no se pondrán ninguna vacuna para el coronavirus; el 47 por ciento tienen miedo de que no sea efectiva; el 48 por ciento dudan sobre su seguridad; y al 55 por ciento le intranquilizan los efectos secundarios. Heidi Larson dirige el Proyecto de Confianza en las Vacunas en la Escuela de Higiene y Medicina Tropical de Londres. En 2020, completó el más importante estudio del mundo acerca de las tendencias en las dudas sobre las vacunas:[5] calculó la confianza en la importancia, la seguridad y la efectividad de las mismas en 149 países. Entre 2018 y 2019, la confianza en las vacunas descendió solo en cinco países: Afganistán, Indonesia, Pakistán, Filipinas y Corea del Sur. Larson observó que la confianza creció en varios países europeos, como Francia, Italia, Irlanda y Finlandia. La inestabilidad política y el extremismo religioso, junto con la movilización de la desinformación en internet, parecen fomentar las dudas. A medida que la sociedad se acerca a un punto de inflexión en la pandemia, la pérdida de confianza en los programas de vacunación es la principal amenaza para un futuro sin confinamientos. No obstante, cuando pienso en los países más afectados por la covid-19, tengo la impresión de que los gobiernos no valoran en su justa medida el peligro que corren sus programas de vacunación. No veo actuaciones para reforzar la confianza y la seguridad en la vacuna contra el coronavirus. Y cuanto más tiempo los gobiernos ignoren el problema de la confianza en las vacunas, menores serán las probabilidades de éxito.

¿Por qué los países del Asia Oriental lo hicieron mucho mejor que sus homólogos de Occidente? Gabriel Leung, uno de los primeros en identificar la amenaza de una pandemia global por la covid-19, atribuye el éxito a la «impronta sociológica». La epidemia de gripe asiática de 1957, la epidemia de gripe de Hong Kong en 1968, el SARS de 2002-2003 y el MERS de 2012 demostraron a los gobiernos y a todo el mundo que su región era el origen de graves brotes de enfermedades infecciosas. Como la gente conocía bien los riesgos, se atuvo de buen grado a las órdenes oficiales. También quedó clara la efectividad de una política que se proponía reducir a cero los casos de covid-19. En Occidente hubo titubeos. No solo fuimos demasiado lentos, sino que al parecer no nos tomamos en serio lo de eliminar el virus de nuestras comunidades. Promovimos debates sobre la peligrosa pérdida de libertades, el agobiante impacto social de las mascarillas o la intromisión del gobierno en la vida privada de los ciudadanos. Sin embargo, en China el objetivo fue la contención y luego la supresión. Hasta que llegara la vacuna, la meta era la desaparición de la covid-19, el cese de la transmisión viral endémica. Surtió efecto. Otro motivo para la esperanza es la rápida mejora en la atención clínica a los pacientes con covid-19. Los índices de mortalidad han descendido un tercio. Ahora se dispone de directrices clínicas para tratar a los enfermos. Ciertos fármacos, como el esteroide dexametasona, han reducido las muertes en cuidados intensivos. Y se está desarrollando una segunda generación de vacunas.

De todos modos, el hecho de que China y los países limítrofes se hubieran librado de lo peor de la pandemia, ¿podría tener otra explicación? La enfermedad que sigue a una infección no depende solo de la naturaleza del patógeno; también depende de la naturaleza del anfitrión, es decir, el organismo infectado. O sea, nosotros. Por otro lado, recientemente se ha hecho un notable descubrimiento sobre la covid-19: la Iniciativa para la Genética del Anfitrión de la Covid descubrió una región del ADN humano en el cromosoma 3 que estaba asociada de manera significativa con enfermar por covid-19 y ser hospitalizado. ¿Ciertas poblaciones humanas son más susceptibles de ser infectadas por este coronavirus? Por lo visto, sí.[6] Hugo Zeberg y Svante Pääbo observaron que esa región del cromosoma 3 estaba muy relacionada con una secuencia genómica de un individuo neandertal que vivió hace unos 50.000 años en lo que actualmente es Croacia.

Cuando Zeberg y Pääbo analizaron la prevalencia de esta secuencia genética en la población humana actual, descubrieron que era rara o estaba ausente en los asiáticos orientales y los africanos. Entre los europeos y los latinoamericanos, se detectó la secuencia en el ocho y el cuatro por ciento de la población, respectivamente. La frecuencia llegaba al 30 por ciento entre los asiáticos meridionales y al 37 por ciento entre los bangladesíes. Ciertamente, esto no establece una relación causa-efecto y sin duda existen otras influencias estructurales (como la pobreza y la desigualdad) que contribuyen en la misma –o mayor– medida a los malos resultados clínicos debidos a la covid-19, pero la distribución de esta secuencia genética es asombrosamente parecida al patrón global de mortalidad de la covid-19. Una pregunta interesante sería por qué algunas poblaciones humanas han conservado esta secuencia genética. ¿Confiere, o confirió, alguna ventaja desconocida hasta ahora? ¿O es tan solo un vestigio genético de una época enterrada desde hace tiempo, que acaso explicaría por qué Europa, las Américas y el sur de Asia se han visto arrasadas por la covid-19 mientras China y el África subsahariana se han salvado hasta cierto punto?

En cualquier caso, habrá que rendir cuentas. Ni castigo ni venganza por errores pasados, pero sí un análisis en profundidad. En *Este virus que nos vuelve locos*, de Bernard-Henri Lévy, empezaron a surgir los inicios de un contrarrelato.[7] Lévy, filósofo reconvertido en intelectual público de un tipo poco habitual en los países anglófonos, sostiene que en la covid-19 no hay nada particularmente extraño. «Esta clase de desastres siempre nos han acompañado», escribe. Hoy lo diferente es la forma de responder. Hemos reaccionado con nuestra propia epidemia: una epidemia de miedo. La covid-19 ha sido «la victoria de los colapsologistas», una «fabulosa rendición global».

Lévy es especialmente crítico con «el aumento del poder médico». Los médicos se han convertido en «superhombres y supermujeres» dotados de «poderes extraordinarios». En todo caso, el protagonismo de los médicos ha estado combinado con varias ideas equivocadas que hemos de identificar. En primer lugar, «hay algo un poco absurdo en la confianza ciega que depositamos en ellos». Lévy cita a Gaston Bachelard, quien estableció la distinción entre la idea de un camino lineal hacia la verdad científica y un viaje más errático que conlleva una serie de errores que se van corrigiendo. La respuesta médica a la covid-19 se caracterizó, efectivamente, por una serie de errores, corregidos *a posteriori*. La sensación de que esta pandemia provocó una acumulación de verdades científicamente reveladas es un mito. Segundo, al principio dábamos por supuesto que los médicos y los científicos hablaban con una sola voz. Parecía como si hubiera un consenso generalizado al que los políticos podían recurrir a su antojo. Sin embargo, a medida que la pandemia fue avanzando vimos que la ciencia de la covid-19 era, de hecho, «un campo de batalla», «una pelea interminable». «El médico de renombre», sugería Lévy, estaba «desnudo bajo su bata blanca». Y tercero, hemos permitido a la salud adueñarse de nuestra vida y convertirse en una obsesión. La higiene ya no es una guía que propone el Estado, sino una doctrina vital. «La voluntad de curar» deja al descubierto nuestra preferencia por una vida aséptica, libre de enfermedad y muerte: una vida que, naturalmente, se antoja imposible. Y también cabría decir que a algunos médicos, los bien afincados en los medios de comunicación, a menudo próximos al gobierno, parece encantarles estar en primer plano. Han procurado ampliar nuestro dolor colectivo «por los siglos de los siglos». Han creado «una unión incestuosa entre los poderes médicos y políticos».

Lévy acierta al señalar las divisiones dentro de la ciencia de la covid-19. Pero no coincido con él cuando dice que los médicos y los científicos han intentado a propósito aumentar su poder. Es verdad que la gente no elige a expertos que dirijan sus países basándose en sus conocimientos. Sin embargo, actualmente en muchos países hay un prototipo de políticos que, desde el punto de vista científico, son prácticamente analfabetos. En su léxico habitual no están los conceptos de «riesgo», «epidemiología» o «principios básicos de salud pública». Y es que quizá no deban estar. Las pandemias son sucesos incuestionables pero raros. Muchos médicos y científicos han sido incorporados para asesorar a los gobiernos y ayudar a los políticos. Lejos de disfrutar del poder o explotarlo, su incomodidad ha sido con frecuencia notoria.

Creo que se acerca más a la verdad Mark Honigsbaum, quien en su libro *The Pandemic Century* sostiene que el éxito científico en el conocimiento de una amenaza infecciosa concreta «puede cegar a los investigadores médicos» ante «la epidemia que acecha justo a la vuelta de la esquina».[8] En su estudio de la historia de la pandemia señala «la tendencia de los investigadores médicos a convertirse en prisioneros de teorías y paradigmas concretos sobre causas de las enfermedades, lo cual no les deja ver las amenazas planteadas por patógenos tanto conocidos como desconocidos». De hecho −y esto sin duda es cierto con respecto a la covid-19−, «sería un error creer que conocer sin más la identidad de un patógeno y la etiología de una enfermedad es suficiente para tenerla controlada». Honigsbaum sigue reprendiendo a la ciencia y a los científicos: «Hemos aprendido a no confiar en las declaraciones de expertos» que han sido «duramente criticados por sus repetidos errores a la hora de predecir brotes mortales de enfermedades infecciosas».

Lévy también se muestra crítico con quienes valoran las virtudes del confinamiento (lo que él denomina «nuestra deliciosa reclusión»): el redescubrimiento de la naturaleza, del aire limpio, del silencio urbano, incluso de nosotros mismos; se mofa de estas invocaciones –«una bochornosa combinación de sentimientos piadosos, malos instintos y [...] ecos lamentables». Peor aún, las considera una ofensa a los pobres y a la gente en situación precaria. Lamenta nuestra autosatisfacción, nuestra autocomplacencia, lo «deplorables» que nos hemos vuelto. Esta pandemia no tiene ningún aspecto bueno. No hay ninguna «oportunidad histórica». Lo que sí hace falta es un cálculo político «no sobre nuestras divagantes utopías sobre "el mundo después", sino sobre las medidas determinadas que hay que poner en práctica aquí y ahora en "el mundo durante"». Y las perspectivas son desalentadoras. Nuestra respuesta a la pandemia tal vez nos haya permitido sobrevivir, pero ¿qué clase de vida hemos alcanzado? Según Lévy, una vida desnuda, vaciada, derrotada y aterrorizada: «[...] una vida no es tal si es tan solo vida».

Es lógico respaldar a Lévy en su afán por comprometerse con el «mundo durante». Quizá comprensiblemente, durante la pandemia se ha prestado una atención máxima a las vidas perdidas. Pero el confinamiento tiene una consecuencia que se pasa por alto, que puede dejar marcada a la generación venidera. Durante la primera ola de la pandemia, las preocupaciones sobre la posible transmisión del coronavirus de madre a hijo provocaron que se dispararan los partos por cesárea. En China, por ejemplo, a nueve de cada diez mujeres se les hizo la cesárea para evitar el riesgo de infección viral en un parto normal. Y después del nacimiento, se solió separar al bebé de la madre durante más de un mes para reducir de nuevo el riesgo de infección. La sombra del virus Zika y sus efectos deformantes en el feto era un argumento convincente para tomar las máximas precauciones. No obstante, la consecuencia ha sido la separación de miles de madres y sus hijos en ese momento tan importante para el apego humano. Los índices de amamantamiento cayeron en picado. Sigue siendo desconocido el impacto de esa separación forzosa en el desarrollo del niño. Pero es razonable creer que el vínculo roto entre madre e hijo tendrá un efecto nocivo en el desarrollo motor, cognitivo, personal, emocional y social de este último. La mayor incidencia de depresión y estrés materno durante el peor período de la pandemia

también influirá en el entorno psicosocial temprano del recién naci-
do. El desarrollo del niño es sumamente sensible a este entorno. No
está claro si estos efectos provocarán daños permanentes. Sea como
fuere, la influencia de la pandemia en nuestra vida podría durar décadas, no solo en el marco de la «Covid-19 Persistente» sino también
a lo largo de la alterada trayectoria del desarrollo del niño.

A partir de 2021, el problema será aumentar la producción y distribución de vacunas. Tanto los científicos como los políticos han transmitido la impresión de que, de algún modo, una vacuna permitirá
que hacia abril de 2021 podamos recuperar una vida normal. (Se ha
hablado de Semana Santa como una especie de línea de llegada.) Se
comprende que los políticos intenten encender una luz que ilumi-
ne el final de este túnel tan oscuro. De todos modos, si se quieren
gestionar de forma satisfactoria las expectativas de la gente, hay que
abordar algunas cuestiones peliagudas.

En primer lugar, la pandemia es un acontecimiento global para
el que hace falta una solución global. Nuestra protección frente a la
amenaza de la covid-19 requiere que los programas de vacunación
tengan la ambición de inmunizar a todas las personas del mundo, lo
cual significa que necesitaremos más de 15.000 millones de dosis de
la vacuna (hay que administrarla dos veces). La capacidad productiva necesaria para una actuación médica de esta magnitud no tiene
precedentes. Será especialmente difícil para los países más pobres
de África y el sudeste asiático, cuya capacidad de fabricación es mínima. El objetivo de la vacunación es alcanzar la inmunidad de rebaño,
esto es, que en la sociedad haya un nivel de protección que reduzca
el ritmo de transmisión del virus. Por encima del umbral requerido
para la inmunidad de rebaño, la transmisión viral se detendrá. ¿Cuál
es este umbral? El nivel determinará el número de personas que deberán ser vacunadas para poner fin a la pandemia. El porcentaje de
población que se ha de inmunizar para frenar una epidemia se puede
calcular mediante una ecuación simple:

$$P = (1-1/R_0)$$

P es la proporción de población que deberá ser vacunada. Recordemos que R_0 es el número básico de reproducción: el número promedio de casos secundarios generados por un caso de infección primario en una población susceptible. Para el SARS-CoV-2, el R_0 es 2,5; por tanto, P (1-1/2,5) es 0,6. Esta cifra significa que, en el caso de una vacuna perfecta, con una eficacia del cien por cien, para alcanzar la inmunidad de rebaño hay que vacunar al 60 por ciento de la población mundial, es decir, en torno a cuatro mil quinientos millones de personas. Sin embargo, la vacuna no es perfecta. Las mejores vacunas actualmente disponibles tienen una efectividad del 90 por ciento. Para calcular el porcentaje de población que se debe vacunar con una vacuna imperfecta, hay que dividir P por la eficacia de la vacuna: 0,6/0,9, o sea, el 67 por ciento. Debido a esto, la cantidad de personas que han de recibir la vacuna para alcanzar la inmunidad de rebaño asciende a cinco mil millones. El reto es de dimensiones notables.

Algunos matemáticos han adoptado una idea más optimista. Si tomamos en cuenta el riesgo de infección en diferentes edades así como diversos patrones de actividad y mezcla social, podemos recalcular P. Si introducimos estas heterogeneidades, el umbral de la inmunidad de rebaño desciende al 43 por ciento.[9] Tanto da que el porcentaje de la cobertura de vacunación sea el 67 o el 43: podemos darlo por bueno en cualquier caso. Para un virus como el del sarampión, con un R_0 comprendido entre 12 y 18, la proporción de la población que hay que vacunar para alcanzar la inmunidad de rebaño es un pasmoso 91-94 por ciento. Menos mal que el R_0 del SARS-CoV-2 es solo 2,5.

No obstante, esto es más complicado de lo que estoy dando a entender. ¿Y si la vacuna protege solo por poco tiempo? Esto podría muy bien requerir la vacunación de cinco mil millones de personas al año. En todo caso, como anualmente hay unos 130 millones de nacimientos nuevos, habrá un suministro constante de seres humanos vulnerables que deberán ser vacunados para mantener la inmunidad colectiva. Este continuo esfuerzo vacunador para mantener altos los niveles de inmunidad de la población (por encima del 67 por ciento) será crucial, pues el objetivo, una vez alcanzada la inmunidad de rebaño, ha de ser reducir el riesgo de infecciones importadas que provoque epidemias en grupos de población no protegidos.

Por otro lado, la eficacia de la vacuna es solo un aspecto del problema. David Paltiel y sus colegas diseñaron el modelo de los posibles resultados clínicos de una vacuna para la covid-19.[10] Y observaron que la efectividad de la vacuna en el mundo real dependía de la rapidez con que se fabricara, de la eficiencia con que se distribuyera, del alcance y la velocidad de su cobertura, de lo satisfactorios que fueran los mensajes sanitarios, y de si la gente seguía cumpliendo con otras recomendaciones no farmacológicas, como la obligación de llevar mascarilla. El balance final de su análisis es que la puesta en práctica importa tanto, o quizá más, que la eficacia de la vacuna.

A mi juicio, la conclusión que hemos de sacar de estos cálculos tiene que ver con la modestia y la humildad. Ni siquiera disponiendo de una vacuna con una efectividad del 90 por ciento habremos resuelto el problema de la covid-19 en la Semana Santa de 2021. La incómoda verdad es que harán falta quizá dos o tres años para alcanzar algún tipo de equilibrio, cuando la fabricación de vacunas tenga el ritmo necesario, cuando las cadenas de suministro y las redes de distribución estén plenamente en marcha, y cuando los programas nacionales de vacunación funcionen como es debido para mantener la inmunidad de rebaño. Por otro lado, como es natural, el éxito de esta enorme infraestructura dependerá de que la gente esté dispuesta a vacunarse.

Crear y mantener confianza en la ciencia de la covid-19 no es importante solo para que los programas de vacunación salgan bien: hace falta también para la seguridad general mediante el mantenimiento de conductas sociales protectoras. Mientras no se alcance una inmunidad de rebaño estable a escala nacional y global, los cambios de comportamiento a los que hemos acabado habituándonos –más atención a la higiene respiratoria, disminución de los contactos sociales, distancia física, uso de la mascarilla, restricción de las reuniones masivas– seguirán desempeñando un papel notable en nuestra vida. Relajar la vigilancia ahora sería un error. Para identificar infecciones nuevas, también será importante crear sistemas efectivos de pruebas diagnósticas y rastreo. La mayoría de los países aún no han puesto en marcha sistemas prácticos en los que se identifiquen la mayor parte de los contactos (más del 80 por ciento) y en menos de 24 horas se disponga de los resultados de las pruebas. Pero aunque contemos con un sistema eficaz de test y rastreo, funcionará solo si la gente se atiene a las orientaciones sobre autoaislamiento. Si se pasan por alto los consejos de las autoridades sanitarias, como sucede en muchos países, la transmisión comunitaria del virus permanecerá inalterada.

Una característica frustrante de las respuestas nacionales a la pandemia ha sido la interminable serie de ciclos de supresión y reaparición viral. Los confinamientos decretados durante la primera ola, aunque útiles a corto plazo, a largo plazo eran insostenibles desde el punto de vista tanto social como económico. Los han sustituido dos instrumentos: los «cortacircuitos» (confinamientos parciales limitados pero estrictos) y el escalonamiento (variaciones regionales de intensidad graduada con arreglo a los índices de transmisión viral). Las actuaciones preventivas han sido satisfactorias para reducir las infecciones, las hospitalizaciones y los fallecimientos.[11] No obstante, lo que hacen estos confinamientos es ganar tiempo para mejorar otras esferas del sistema de salud pública que protegen a las comunidades, sobre todo los métodos de pruebas diagnósticas, rastreos y aislamiento. Pocos gobiernos han aprovechado bien el tiempo que estas actuaciones preventivas les permitían ganar. La consecuencia de ello ha sido una lenta pérdida de confianza de la gente en estos confinamientos locales. Quizá sea más viable el escalonamiento, donde se aplican diferentes normas sobre socialización entre familias, restricciones para viajar o cierre de locales comerciales, lugares de entretenimiento o la hostelería en función de la magnitud de la epidemia en una región determinada. De nuevo, hasta ahora los datos indican que el escalonamiento es efectivo en la reducción de la propagación de la infección, sobre todo si se ponen en práctica restricciones duras.[12] Sin embargo, para que el escalonamiento sea satisfactorio, también hace falta respaldo público y político. Como se ha observado en varios países, el mantenimiento de la solidaridad depende de la confianza en el gobierno, algo que ahora mismo escasea.

La confianza es un fenómeno complejo. Para generar confianza entre la gente y las autoridades no existe un método sencillo. Sin embargo, si recordamos los errores cometidos por gobiernos y científicos durante la primera fase de la pandemia, sí hay muchas formas de destruirla. Si tenemos la percepción de que ciertos individuos o grupos sociales están siendo favorecidos, la confianza sin duda se desmoronará. Si el debate público se politiza demasiado, la gente seguramente se sentirá confundida ante tanto mensaje cruzado. Y si las orientaciones de salud pública están rodeadas de misterio, de nuevo la gente quizá ponga en entredicho los consejos que le lleguen. El uso de las mascarillas es un buen ejemplo de lo importante que es la confianza, la transparencia y la humildad en las recomendaciones que hacen los estamentos públicos.

Los datos de que la mascarilla reduce las probabilidades de infección o transmisión viral son inequívocas.[13] Un resumen de dichos datos publicado en junio de 2020 ponía de manifiesto que el riesgo de infección (SARS, MERS y covid-19 en conjunto) sin mascarilla podía ser del 17,4 por ciento, mientras que con mascarilla podía bajar al 3,1: tenemos una reducción absoluta del riesgo del 14,3 por ciento, es decir, un efecto sustancial. Sin embargo, estos datos tienen un grado de certeza bajo. En otras palabras, no podemos estar seguros de que las mascarillas tengan el impacto que denotan las cifras. La creciente aceptación de la importancia de la transmisión del coronavirus por aerosoles refuerza los motivos para llevar mascarilla. Al principio de la pandemia, los científicos creían que el coronavirus se propagaba sobre todo al tocar superficies infectadas. A medida que fue pasando el tiempo, a partir de muestras de aire de edificios donde se habían producido infecciones, estuvo cada vez más claro que la difusión de gotículas –aerosoles que permanecen suspendidos en el ambiente– era probablemente una importante fuente de contagio.[14] En cualquier caso, las pruebas de que la mascarilla previene contra la covid-19 siguen siendo endebles. Ninguna de las normas oficiales reconocía estas dudas. Por otro lado, las orientaciones sobre usar mascarilla provocaban divisiones acerbas entre los comentaristas. Holger Schünemann, responsable del análisis que demostraba la baja efectividad de las mascarillas, sostiene que, cuando las personas están expuestas a una oleada de afirmaciones, los científicos deberían hacer un esfuerzo adicional para admitir que las pruebas en las que se basan esas afirmaciones nunca son irrefutables. Siempre hay incertidumbres, y para fortalecer y proteger la confianza general los científicos tendrían que ser más sinceros y transparentes.

En su breve reflexión sobre vivir la vida durante la pandemia, *How to Stay Sane in an Age of Division*, Elif Shafak recuerda haber visto en parques públicos de Londres carteles que decían lo siguiente: «Cuando acabe todo esto, ¿cómo de diferente quieres que sea el mundo?».[15] Era al principio de la epidemia. Pese a la disponibilidad de vacunas efectivas para la covid-19, tras un año de vida suspendida los individuos, las familias y las comunidades están mostrando fatiga, desesperación y abatimiento. Por lo visto, Bernard-Henri Lévy compartía este estado de ánimo sombrío. Dudaba de la afirmación de que la pandemia ha creado las condiciones para un sentido renovado de la unidad global, ya que esa idea abstracta no tiene nada que ver con «vidas concretas», todo lo contrario: en realidad, estamos abandonando a quienes más ayuda necesitan. El gobierno británico demostró que el instinto de Lévy era acertado cuando puso fin a su compromiso de dedicar el 0,7 por ciento del producto interior bruto a ayuda oficial al desarrollo. La ayuda a los pobres se sacrificó en el virtuoso altar de un compromiso para «reconstruir mejor» en casa. Según Lévy, la pandemia nos había obligado a encerrarnos dentro de nuestras fronteras. «Nunca más», escribió, «habrá un sentimiento de misión a escala global». La pandemia «nos ha aliviado de la carga de atenernos a las vicisitudes de la historia».

Mark Honigsbaum también extrajo lecciones desalentadoras de sus estudios sobre la pandemia. Escribió que «en cada caso el brote ha socavado la confianza en el paradigma médico y científico dominante, haciendo hincapié en los peligros de la dependencia excesiva de tecnologías concretas a costa de percepciones ecológicas más amplias sobre las causas de las enfermedades».

¿Deberíamos estar abatidos? Laura Spinney ha escrito una fascinante historia sobre la pandemia de gripe de 1918, *El jinete pálido. 1918: la epidemia que cambió el mundo*,[16] en la que sostiene que esa pandemia, en la que murieron entre 50 y 100 millones de personas, dejó a la humanidad transformada –la gripe «remodeló las poblaciones humanas [...] marcó el comienzo de la sanidad universal [...] aceleró el ritmo de los cambios... [y] ayudó a configurar nuestro mundo moderno». Nació una nueva era de investigaciones sobre el control de las enfermedades virales. La virología y la epidemiología se asentaron como disciplinas de prestigio. Se visibilizó a los más vulnerables: las víctimas de la pobreza y la desigualdad, los desnutridos y los que tenían viviendas precarias. Se abordó la salud pública con un nuevo vigor político. Se generó un ambiente favorable a la medicina socializada. «La salud se volvió política.» De hecho, la salud se convirtió en una medida de la modernidad de una civilización. Spinney llega a sugerir que la pandemia quizá pusiera fin a la Primera Guerra Mundial. En la India, Egipto y Corea se consolidaron los movimientos por la independencia nacional. La pandemia provocó un «cambio psicológico» hacia la ironía y el absurdo. El arte recurrió a lo clásico y lo funcional. Desde un punto de vista positivo y acaso paradójico, después de que la pandemia de gripe remitiera las sociedades prosperaron. En la década de 1920 se vivió un período de floreciente crecimiento económico. Repuntó la fertilidad.

La covid-19 no es la gripe. Y sus consecuencias humanas, al menos hasta ahora, no han sido tan graves como las de la gripe de 1918. Sin embargo, podemos estar seguros de que los efectos de la covid-19 serán profundos y duraderos; hasta qué punto lo sean dependerá de nosotros. Pero haré una predicción aproximativa.

Las democracias occidentales llevan décadas luchando por resolver un número creciente de complejas dificultades sociales y económicas. Asoladas por desigualdades cada vez mayores, la reducción de la movilidad social, la pérdida de empleos dignos, la destrucción medioambiental y el bajo crecimiento, las democracias están inmersas en una época de crisis. La consecuencia ha sido una reacción de la gente contra las élites democráticas de toda la vida. Los políticos populistas se han aprovechado de la insatisfacción general y han ganado votos mediante plataformas de rebelión contra antiguas normas de asociación y conducta política, desde Donald Trump a Boris Johnson, pasando por Manuel López Obrador o Jair Bolsonaro.

La covid-19 ha sacado a la luz los catastróficos fallos de esta política populista. Una política que obtiene su fuerza de la insatisfacción, que moldea sus ideas en torno a una serie de desafecciones, es una política que deja expuestos y vulnerables a centenares de miles de sus ciudadanos. Pese a todos los errores en la elaboración de la estrategia científica al principio de la pandemia, la covid-19 ha dado a la ciencia un poder político inesperado y sin parangón. La pandemia ha alejado a los países occidentales de sus tradiciones democráticas y los ha acercado a una nueva era tecnocrática: una alianza entre la democracia y los datos. De hecho, el politicólogo Anders Esmark sostiene que la oposición entre tecnocracia y populismo «es actualmente el conflicto político que caracteriza a nuestra época».[17]

Una tecnocracia es un sistema de gobernanza en el que quienes tienen poder sobre nuestra vida son nombrados o elegidos basándose en sus conocimientos científicos o técnicos. Por tanto, la tecnocracia es más que un enfoque científico riguroso de la política y las decisiones políticas. Es la convicción de que nuestros problemas colectivos –desde la pandemia a la emergencia climática, pasando por la pobreza extrema o la desigualdad de género– tienen soluciones que los científicos pueden descubrir y aplicar. No hay ninguna duda de que el poder de los políticos y de los partidos políticos ha disminuido a medida que ha aumentado la influencia de los científicos. Nuestra política está despolitizándose. No estoy insinuando ningún motivo. Como he sostenido en respuesta a las críticas de Lévy hacia el poder médico, la centralidad de la ciencia en la toma de decisiones políticas durante la covid-19 no se debió a la voluntad de los científicos. Sea como fuere, el hecho es incontrovertible. Las decisiones políticas han dependido de los datos científicos. Los modelos matemáticos han determinado los «cortacircuitos» preventivos, los escalonamientos regionales y las estrategias para los test diagnósticos y la detección de casos. De todos modos, el alcance de la ciencia va más allá de la gestión diaria del brote. En su libro de 2006 *El espíritu de la Ilustración*, Tzvetan Todorov preguntaba qué clase de base intelectual y moral debíamos buscar al crear nuestra vida comunitaria en una época en que Dios ha muerto y nuestras utopías se han desmoronado. Recurrió a «la dimensión humanista de la Ilustración», que se cimentaba en varios principios. La autonomía –«dar prioridad a lo que los individuos decidan por sí mismos»; hemos de buscar «libertad total para examinar, cuestionar, criticar y desafiar dogmas e instituciones». El humanismo –«los seres humanos tenían que otorgar significado a su vida terrenal». La universalidad –«la demanda de igualdad inferida del principio de universalidad». El conocimiento es una fuerza decisiva en este proyecto. Y la «emancipación del conocimiento preparó el terreno para el desarrollo de la ciencia». No obstante, la ciencia puede corromperse y convertirse en cientifismo, que después acaba siendo «una distorsión de la Ilustración, su enemigo, no su avatar». El peligro aparece cuando las decisiones políticas se equiparan a deducciones científicas.

Los valores que hemos llegado a asumir –por ejemplo, quién va primero cuando administramos suministros limitados de una vacuna– han derivado de nuestro conocimiento sobre quién está en situación de mayor riesgo. En una tecnocracia, lo bueno viene solo de lo verdadero. En una tecnocracia se da por supuesto que el mundo es totalmente comprensible. En una tecnocracia existe la tentación de confiar en que los científicos formularán las normas morales, incluso los objetivos políticos. El hecho de que para controlar esta pandemia vayamos a tardar varios años significa que la política no regresará a la situación anterior a la covid-19 en un futuro inmediato. Los gobiernos seguirán dependiendo de los científicos, las agencias reguladoras y las instituciones científicas para fijar los límites de su libertad para gobernar. Los partidos políticos, incluso las ideologías políticas, decaerán. Por otro lado, en los próximos cinco años se producirá el nacimiento de una nueva tecnopolítica, un contrato social implícito entre ciencia y gobierno que oriente a los países a través de la crisis en curso. La democracia se transformará en biocracia, es decir, en una creciente influencia de las ciencias biológicas en la sociedad y en la formulación de las decisiones políticas.

Las consecuencias de este nuevo pacto entre la ciencia y la política aún no están claras. En un extremo, los científicos podrían permanecer como servidores del poder con mandatos limitados. Sin embargo, estos mandatos podrían ampliarse, de modo que los científicos o grupos de científicos podrían dotar a su función de una legitimidad que a los políticos electos quizá les costaría poner en entredicho. Es más, los científicos podrían acabar más integrados en el gobierno y tener responsabilidades en la toma de decisiones políticas. Por último, en el caso más extremo, los científicos podrían llegar a asumir del todo el papel de los políticos, aunque no me parece que esto sea factible a corto plazo. No obstante, cabe efectivamente la posibilidad de que la pandemia introduzca en la política nuevas voces, voces de la ciencia que, si no hubiera sido por la covid-19, habrían permanecido al margen del debate político. Sí creo, desde luego, que los científicos agarrarán a los políticos del cuello con más fuerza.

Todorov cita al químico y político Antoine Lavoisier: «La verdadera finalidad de un gobierno debería ser fomentar la alegría, la felicidad y el bienestar de todos los individuos». El deslizamiento hacia la tecnocracia, el mayor poder de las élites científicas no electas, ¿brindará más oportunidades para alcanzar un objetivo así?

Los gobiernos tecnocráticos son gobiernos para tiempos de crisis. Sin embargo, los científicos no son responsables ante la gente a la que esperan servir. Los científicos no constituyen un grupo más virtuoso que el resto de la humanidad: son tan corruptibles como los políticos. Algunos de los países más ricos y poderosos de la actualidad están viviendo situaciones de emergencia, y así seguirá siendo en los próximos años. Durante la pandemia, la tecnocracia ya ha ganado un espacio considerable, y continuará haciéndolo. La tecnopolítica recién instalada, ¿será capaz de adaptarse a las necesidades de una ciudadanía maltratada? Eso cabe esperar. No obstante, con una clase política degradada y poco fiable, el traspaso de poder a la ciencia podría resultar una peligrosa subversión de lo poco que queda de nuestros atrofiados valores democráticos.

Notas

Introducción

1. Elizabeth Derryberry et al., «Singing in a silent spring: birds respond to a half-century soundscape reversion during the CO-VID-19 shutdown», *Science*, 24 septiembre 2020.
2. Fran Robson et al., «Coronavirus RNA proofreading: molecular basis and therapeutic targeting», *Cell*, 3 septiembre 2020.
3. Richard Tillett et al., «Genomic evidence for reinfection with SARS-CoV-2; a case study», *The Lancet*, 12 octubre 2020.
4. Merryn Voysey et al., «Safety and efficacy of the ChAdOx1nCoV-19 vaccine (AZD1222) against SARS-CoV-2», *The Lancet*, 8 diciembre 2020.
5. Neil Johnson et al., «The online competition between pro- and anti-vaccination views», *Nature*, 13 mayo 2020.
6. GBD 2019 Risk Factors Collaborators, «Global burden of 87 risk factors in 204 countries and territories, 1990-2019», *The Lancet*, 17 octubre 2020.
7. Emeline Han et al., «Lessons learnt from easing COVID-19 restrictions», *The Lancet*, 24 septiembre 2020.
8. Thomas J. Bollyky et al., «The relationships between democratic experience, adult health, and cause-specific mortality in 170 countries between 1980 and 2016», *The Lancet*, 13 marzo 2019.
9. Daisy Fancourt et al., «The Cummings effect: politics, trust, and behaviors during the COVID-19 pandemic», *The Lancet*, 6 agosto 2020.

Capítulo 1. Desde Wuhan al mundo

1. Jasper Fuk-Woo Chan et al., «A familial cluster of pneumonia associated with the 2019 novel coronavirus indicating person-to-person transmission», *The Lancet*, 24 enero 2020.
2. Chaolin Huang et al., «Clinical features of patients infected with 2019 novel coronavirus in Wuhan, China», *The Lancet*, 24 enero 2020.
3. Joseph T. Wu et al., «Nowcasting and forecasting the potential domestic and international spread of the 2019-nCoV outbreak originating in Wuhan, China», *The Lancet*, 31 enero 2020.
4. Adam Kucharski, *The Rules of Contagion: Why Things Spread- and Why They Stop* (Londres, Profile Books, 2002) (hay trad cast., *Las reglas del contagio: cómo surgen, se propagan y desaparecen las pandemias*, Madrid, Capitán Swing Libros, 2020).
5. Adam J. Kucharski et al., «Early dynamics of transmission and control of COVID-19», *Lancet Infectious Diseases*, 11 marzo 2020.
6. Novel Coronavirus Pneumonia Emergency Response Epidemiology Team, «The epidemiological characteristics of an outbreak of 2019 novel coronavirus diseases (COVID-19)-China 2020», *China CDC Weekly*, 2/8 (2020), pp. 113-122.
7. Kiesha Prem et al., «The effect of control strategies to reduce social mixing on outcomes of COVID-19 epidemic in Wuhan, China», *Lancet Public Health*, 25 marzo 2020.
8. Benjamin J. Cowling et al., «Impact assessment of non-pharmaceutical interventions against coronavirus disease 2019 and influenza in Hong Kong», *The Lancet*, 17 abril 2020.
9. Samantha Brooks et al., «The psychological impact of quarantine and how to reduce it», *The Lancet*, 26 febrero 2020.
10. Jeffrey Sachs et al., «Lancet COVID-19 Commission Statement on the occasion of the 75th session of the UN General Assembly», *The Lancet*, 14 septiembre 2020.

Capítulo 2. ¿Por qué no estábamos preparados?

1. Ian Boyd, «We practised for a pandemic, but didn't brace», *Nature*, 30 marzo 2020, p. 9.

2. Academia Nacional de Medicina, *Learning from SARS: Preparing for the Next Disease Outbreak* (Washington, DC, National Academies Press, 2004).
3. Ibíd, p. 37.
4. David P. Fidler, *SARS, Governance and the Globalization of Disease* (Basingstoke, Palgrave Macmillan, 2004).
5. Nirmal Kandel et al., «Health security capacities in the context of COVID-2019 outbreak», *The Lancet*, 18 marzo 2020.

Capítulo 3. Ciencia: la paradoja del éxito y el fracaso

1. Chaolin Huang et al., «Clinical features of patients infected with 2019 novel coronavirus in Wuhan, China», *The Lancet*, 24 enero 2020.
2. Jasper Fuk-Woo Chan et al., «A familial cluster of pneumonia associated with the 2019 novel coronavirus indicating person-to-person transmission», *The Lancet*, 24 enero 2020.
3. Roujian Lu et al., «Genomic characterization and epidemiology of 2019 novel coronavirus: implications for virus origins and receptor binding», *The Lancet*, 29 enero 2020.
4. Joseph T. Wu et al., «Nowcasting and forecasting the potential domestic and international spread of the 2019-nCoV outbreak originating in Wuhan, China», *The Lancet*, 31 enero 2020.
5. Huijun Chen et al., «Clinical characteristics and intrauterine vertical transmission potential of COVID-19 infection in nine pregnant women», *The Lancet*, 12 febrero 2020.
6. Nanshan Chen et al., «Epidemiological and clinical characteristics of 99 cases of 2019 novel coronavirus pneumonia in Wuhan, China», *The Lancet*, 29 enero 2020.
7. Xiaobo Yang et al., «Clinical course and outcomes of critically ill patients with SARS-CoV-2 pneumonia in Wuhan, China», *Lancet Respiratory Medicine*, 21 febrero 2020.
8. OMS, *Report of the WHO-China Joint Mission on Coronavirus Disease 2019 (COVID-19), 16-24 February 2020*, www.who.int/docs/default-source/coronaviruse/who-china-joint-mission-on-covid-19-final-report.pdf.
9. Anup Bastola et al., «The first 2019 novel coronavirus case in Nepal», *Lancet Infectious Diseases*, 10 febrero 2020.

10. William Silverstein et al., «First imported case of 2019 novel coronavirus in Canada, presenting as mild pneumonia», *The Lancet*, 13 febrero 2020.

11. Andrea Remuzzi y Giuseppe Remuzzi, «COVID-19 and Italy: what next?», *The Lancet*, 12 marzo 2020.

12. Isaac Ghinai et al., «First known person-to-person transmission of severe acute respiratory syndrome coronavirus 2 (SARS-CoV-2) in the USA», *The Lancet*, 12 marzo 2020.

13. Rachael Pung et al., «Investigations of three clusters of COVID-19 in Singapore», *The Lancet*, 16 marzo 2020.

14. Remuzzi y Remuzzi, «COVID-19 and Italy: what next?».

15. Laurie Garrett, *The Coming Plague: Newly Emerging Diseases in a World out of Balance* (Harmondsworth, Penguin, 1994).

16. Academia Nacional de Medicina, *Learning from SARS: Preparing for the Next Disease Outbreak* (Washington, DC, National Academies Press, 2004).

17. Lucy Jones, *The Big Ones: How Natural Disasters Have Shaped Us (and What We can Do about Them)* (Londres, Icon Books, 2018).

18. Grupo Asesor Científico Independiente para Emergencias, *What Are the Options for the UK? Recommendations for Government based on an Open and Transparent Examination of the Scientific Evidence*, 12 mayo 2020, www.independentsage.org/wp-content/uploads/2020/05/The-Independent-SAGE-Report.pdf.

Capítulo 4. Primeras líneas de defensa

1. Simiao Chen et al., «Fangcang shelter hospitals: a novel concept for responding to public health emergencies», *The Lancet*, 2 abril 2020.

2. Sarah Jefferies et al., «COVID-19 in New Zealand and the impact of the national response», *Lancet Public Health*, 13 octubre 2020.

3. Vasilis Kontis et al., «Magnitude, demographics, and dynamics of the effect of the first wave of the COVID-19 pandemic on all-cause mortality in 21 industrialised countries», *Nature Medicine*, 14 octubre 2020.

4. Amitava Banerjee et al., «Estimating excess 1-year mortality associated with the COVID-19 pandemic according to underlying conditions and age», *The Lancet*, 12 mayo 2020.

Capítulo 5. La política de la covid-19

1. Jacques Ellul, *Propaganda: The Formation of Men's Attitudes* (Nueva York, Alfred A. Knopf, 1965).
2. Didier Fassin, *Life: A Critical User's Manual* (Cambridge, Polity, 2018).

Capítulo 6. La sociedad del riesgo revisitada

1. Ulrich Beck, *Risk Society: Towards a New Modernity* (Londres, Sage, [1986] 1992), p. 183 (hay trad. cast., *La sociedad del riesgo: hacia una nueva modernidad*, Barcelona, Ed. Paidós, 2008).
2. Ibíd., p. 59.
3. Jeremy Bentham, *The Panopticon Writings* (Londres, Verso, 1995) (hay trad. cast., *Panóptico*, Madrid, Editorial del Círculo de Bellas Artes, 2011).
4. Michel Foucault, *The Birth of Biopolitics: Lectures at the Collège de France, 1978-79* (Basingstoke, Palgrave Macmillan, 2008) (hay trad. cast., *Nacimiento de la biopolítica: curso del Collège de France, 1978-1979*, Madrid, Ediciones Akal, 2016).
5. Michel Foucault, *Society Must Be Defended: Lectures at the Collège de France, 1975-76* (Londres, Penguin, 2004) (hay trad. cast., *Hay que defender la sociedad: curso del Collège de France, 1975-1976*, Madrid, Ediciones Akal, 2017).
6. Timothy Roberton et al., «Early estimates of the indirect effects of the COVID-19 pandemic on maternal and child mortality in low-income and middle-income countries», *Lancet Global Health*, 12 mayo 2020.
7. Alexandra Hogan et al., «Potential impact of the COVID-19 pandemic on HIV, tuberculosis, and malaria in low-income and middle-income countries», *Lancet Global Health*, 13 julio 2020.
8. Tessa Tan-Torres Edejer et al., «Projected health-care resource need for an effective response to COVID-19 in 73 low-income and middle-income countries», *Lancet Global Health*, 9 septiembre 2020.
9. Slavoj Žižek, *Pandemic! COVID-19 Shakes the World* (Cambridge, Polity, 2020) (hay trad. cast., *Pandemia. La covid-19 estremece al mundo*, Barcelona, Anagrama, 2020).

10. Beck, *Risk Society*, p. 234 (*La sociedad del riesgo*).
11. Benjamin Fondane, *Existential Monday* (Nueva York, New York Review of Books, 2016) (hay trad. cast., *El lunes existencial y el domingo de la historia*, Madrid, Hermida Editores, 2019).

Capítulo 7. Hacia la próxima pandemia

1. Arundhati Roy, «The pandemic is a portal», *Financial Times*, 3 abril 2020.
2. Andy Haldane, «Reweaving the social fabric after the crisis», *Financial Times*, 24 abril 2020.
3. Albert Camus, «How to survive a plague», *Sunday Times*, 19 mayo 2020.
4. Lars Svendsen, *A Philosophy of Fear*, trad. John Irons (Londres, Reaktion Books, 2008).
5. Avishai Margalit, *The Ethics of Memory* (Cambridge, MA, Harvard University Press, 2002) (hay trad. cast., *Ética de la memoria*, Barcelona, Herder Editorial, 2002).
6. D.A. Henderson, *Smallpox: The Death of a Disease* (Nueva York, Prometheus Books, 2009).
7. Arush Lal, et al., «Fragmented health systems in COVID-19: rectifying the misalignment between global health security and universal health coverage», *The Lancet*, 1 diciembre 2020.

Epílogo

1. Merryn Voysey et al., «Safety and efficacy of the ChAdOx1nCov-19 vaccine (AZD1222) against SARS-CoV-2», *The Lancet*, 8 diciembre 2020.
2. Erik Volz et al., «Evaluating the effects of SARS-CoV-2 spike mutation D614G on transmissibility and pathogenicity», *Cell*, 11 noviembre 2020.
3. Emma C. Thompson et al., «The circulating SARS-CoV-2 spike variant N439K maintains fitness while evading antibody-mediated immunity», *bioRxiv*, 5 noviembre 2020.

4. Barnaby E. Young, «Effect of a major deletion in the SARS-CoV-2 genome on the severity of infection and the inflammatory response», *The Lancet*, 18 agosto 2020.

5. Alexandre de Figueiredo et al., «Mapping global trends in vaccine confidence and investigating barriers to vaccine uptake», *The Lancet*, 10 septiembre 2020.

6. Hugo Zeberg y Svante Pääbo, «The major genetic risk factor for COVID-19 is inherited from Neanderthals», *Nature*, 30 septiembre 2020.

7. Bernard-Henri Lévy, *The Virus in the Age of Madness* (New Haven, CT, Yale University Press, 2020) (hay trad. cast., *Este virus que nos vuelve locos*, Madrid, La Esfera de los Libros, 2020).

8. Mark Honigsbaum, *The Pandemic Century* (Harmondsworth, Penguin, 2020).

9. Tom Britton et al., «A mathematical model reveals the influence of population heterogeneity on herd immunity to SARS-CoV-2», *Science*, 23 junio 2020.

10. A. David Paltiel et al., «Clinical outcomes of a COVID-19 vaccine: implementation over efficacy», *Health Affairs*, enero 2021.

11. Matt Keeling et al., «Precautionary breaks: planned, limited duration circuit breaks to control the prevalence of COVID-19», *medRxiv*, 14 octubre 2020.

12. Paul Hunter et al., «The effectiveness of the three-tier system of local restrictions for control of COVID-19», *medRxiv*, 24 noviembre 2020.

13. Derek Chu et al., «Physical distancing, face masks, and eye protection to prevent person-to-person transmission of SARS-CoV-2», *The Lancet*, 1 junio 2020.

14. Yuan Liu et al., «Aerodynamic analysis of SARS-CoV-2 in two Wuhan hospitals», *Nature*, 27 abril 2020.

15. Elif Shafak, *How to Stay Sane in an Age of Division* (Londres, Profile Books en colaboración con Wellcome Collection, 2020).

16. Laura Spinney, *Pale Rider: The Spanish Flu of 1918 and How it Changed the World* (Londres, Vintage, 2018) (hay trad. cast., *El jinete pálido. 1918: la epidemia que cambió el mundo*, Barcelona, Ed. Crítica, 2018).

17. Anders Esmark, *The New Technocracy* (Bristol, Bristol University Press, 2020).